Rosa Idalia Hernández ~~~

Étapes précoces de l'infection virale du WSS chez la crevette

Rosa Idalia Hernández Herrera

Étapes précoces de l'infection virale du WSS chez la crevette

WSS chez la crevette

Développement virale chez les crustacées

Presses Académiques Francophones

Impressum / Mentions légales

Bibliografische Information der Deutschen Nationalbibliothek: Die Deutsche Nationalbibliothek verzeichnet diese Publikation in der Deutschen Nationalbibliografie; detaillierte bibliografische Daten sind im Internet über http://dnb.d-nb.de abrufbar.
Alle in diesem Buch genannten Marken und Produktnamen unterliegen warenzeichen-, marken- oder patentrechtlichem Schutz bzw. sind Warenzeichen oder eingetragene Warenzeichen der jeweiligen Inhaber. Die Wiedergabe von Marken, Produktnamen, Gebrauchsnamen, Handelsnamen, Warenbezeichnungen u.s.w. in diesem Werk berechtigt auch ohne besondere Kennzeichnung nicht zu der Annahme, dass solche Namen im Sinne der Warenzeichen- und Markenschutzgesetzgebung als frei zu betrachten wären und daher von jedermann benutzt werden dürften.

Information bibliographique publiée par la Deutsche Nationalbibliothek: La Deutsche Nationalbibliothek inscrit cette publication à la Deutsche Nationalbibliografie; des données bibliographiques détaillées sont disponibles sur internet à l'adresse http://dnb.d-nb.de.
Toutes marques et noms de produits mentionnés dans ce livre demeurent sous la protection des marques, des marques déposées et des brevets, et sont des marques ou des marques déposées de leurs détenteurs respectifs. L'utilisation des marques, noms de produits, noms communs, noms commerciaux, descriptions de produits, etc, même sans qu'ils soient mentionnés de façon particulière dans ce livre ne signifie en aucune façon que ces noms peuvent être utilisés sans restriction à l'égard de la législation pour la protection des marques et des marques déposées et pourraient donc être utilisés par quiconque.

Coverbild / Photo de couverture: www.ingimage.com

Verlag / Editeur:
Presses Académiques Francophones
ist ein Imprint der / est une marque déposée de
OmniScriptum GmbH & Co. KG
Heinrich-Böcking-Str. 6-8, 66121 Saarbrücken, Deutschland / Allemagne
Email: info@presses-academiques.com

Herstellung: siehe letzte Seite /
Impression: voir la dernière page
ISBN: 978-3-8381-7282-8

Zugl. / Agréé par: Montpellier,Universite de Montpellier2,2008

Remerciements

Je tiens à remercier tout particulièrement M. Jean Robert Bonami qui a dirigé mes recherches, m'a guidé sans faille dans mon travail et pour la confiance qu'il m'a accordée.

Sommaire

Liste des figures et des tableaux

Introduction

Quelles que soient les habitudes alimentaires des populations sur la planète, les crustacés ont toujours occupé une place importante dans la nourriture humaine, que ce soit dans les pays riches ou en voie de développement. Désormais les captures sur la faune sauvage ne suffisent plus à assurer la demande. Ceci a amené la création d'élevages de crevettes, qui en l'espace de quelques dizaines d'années sont passés de l'étape du simple grossissement de juvéniles sauvages à celle de la réalisation complète du cycle de vie de ces crustacés. De fait, cette aquaculture dite « nouvelle » s'est développée au point que la production par les élevages dépasse les 27 % de la totalité des crevettes consommées (FAO, 2006). Encore faut-il ajouter que dans la pêche sont comprises des espèces de petite taille des mers froides, alors que les élevages sont basés uniquement sur la production de grosses crevettes communément appelées « gambas », dont le prix de vente est beaucoup plus élevé.

La « crevette » avec plus de 11 milliards de dollars d'exportations par an est le premier produit aquacole, en valeur commerciale à l'échelle internationale. Elle représente une source principale d'emplois, de recettes fiscales et de devises pour de nombreux pays en voie de développement qui produisent 99 % des crevettes d'élevage dans le monde (FAO, 2006) en particulier dans les zones chaudes intertropicales. Le développement de ces élevages de masse ne va évidemment pas sans problèmes et de nombreux facteurs, biotiques et abiotiques perturbent gravement la production.

Nous citerons les problèmes de nutrition, de gestion du milieu et de sa qualité, de la maîtrise du cycle de développement, mais aussi les problèmes pathologiques et parasitaires qui sont à l'origine des épizooties qui déciment le cheptel.

Parmi les maladies qui affectent les élevages, les maladies virales constituent le facteur essentiel de limitation des populations du fait de l'impossibilité de les traiter ou de les prévenir par des méthodes « classiques » de type vaccinal, bien que de très nombreuses recherches tendent à se développer sur ces modes de contrôle des maladies. Aussi les méthodes de lutte actuelles sont basées sur une prévention de ces affections par un diagnostic précoce et spécifique, y compris et surtout la sélection de géniteurs sains.

Une autre voie d'intervention consisterait à agir de façon spécifique sur des éléments essentiels au développement d'une maladie ou d'une épidémie, c'est à dire sur le premier contact du pathogène avec son hôte soit au niveau de l'organe ou au niveau cellulaire. Ainsi des espèces de crevettes (*Palaemonidae*) ont été reconnues résistante au WSSV par contamination *per os*, et sensibles par injection soulignant l'importance du rôle joué par la barrière intestinale dans l'infection (Di Leonardo *et al.*, 2005).

Pour ces raisons, notre étude a porté sur le White Spot Syndrome virus (WSSV) qui est un virus capable de causer des mortalités de 100 % à des animaux en élevage dans les 3 à 10 jours après l'infection. Cet agent est actuellement considéré comme le pathogène ayant provoqué le plus de pertes dans les élevages de crevettes de par le monde. Egalement, nos travaux ont été axés sur les étapes précoces du WSSV et du virus B2 afin de préciser les premiers stades de la morphogenèse virale et du développement sur des cultures cellulaires de poisson.

La thèse que nous présentons a été divisée en 5 chapitres. Dans un premier chapitre nous décrivons les différents aspects de l'aquaculture des crevettes dans le monde avec la production, les systèmes d'élevage et les maladies qui leur sont associées.

Dans un second chapitre nous rappellerons les caractéristiques principales des maladies virales étudies ici: le White spot syndrome virus (WSSV) et le Nodavirus de *Macrobrachium rosenbergii* (*Mr*NV), leurs signes cliniques, les distributions géographiques, les méthodes de diagnostics et les voies de transmission.

Le chapitre III sera consacré à la description du matériel biologique et des méthodes utilisés lors de nos investigations. Les résultats sont exposés dans 2 chapitres: l'un sur l'étude de la susceptibilité de la lignée cellulaire de poisson SSN-1 à vis-à-vis du *Mr*Nv (chapitre IV), et l'autre (chapitre V) sur les résultats obtenus lors de l'étude des premiers stades de l'infection à WSSV chez les *Penaeidae*.

2

Chapitre I.

Les élevages des crevettes

1.- La production de crevettes dans le monde

Au niveau mondial la production commerciale de crevettes d'élevage a commencée dans les années 1970 et a connu une croissance très rapide, stimulée par la demande aux Etats-Unis, au Japon et en Europe Occidentale. Près des trois quarts des crevettes d'élevage sont produites en Asie, en particulier en Chine et en Thaïlande. Le reste provient principalement d'Amérique latine, et actuellement le Brésil est le premier producteur. Par contre le principal pays exportateur est la Thaïlande.

L'élevage des crevettes est passé d'une activité traditionnelle de type familial en Asie à une industrie mondiale. Les progrès technologiques ont permis d'élever des crevettes en bassin avec des densités toujours plus élevées. Les géniteurs sélectionnés font l'objet de transferts planétaires liés à un marché mondial. La grande majorité des crevettes d'élevage appartient à la famille des Penaeides et deux espèces seulement, *Penaeus vannamei* (Boone, 1931) (crevette à pattes blanches) et *Penaeus monodon* (Fabricius, 1798) (crevette géante tigrée), représentent près de 80 % de tous les élevages (Fig. 1). Cette monoculture industrielle est très sensible aux maladies, qui ont provoqué régionalement plusieurs vagues meurtrières dans les populations de crevettes d'élevage.

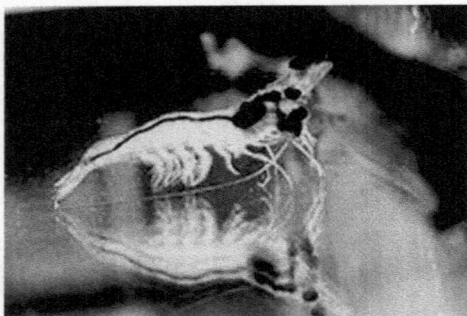

Penaeus vannamei   Penaeus monodon

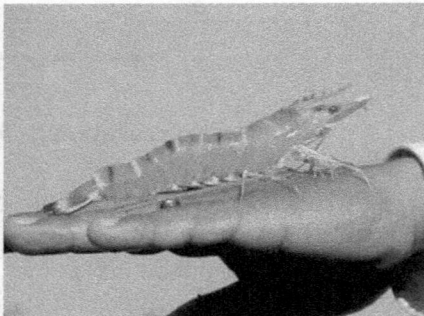

Fig. 1.- Les espèces principales des crevettes en élevage.

Des problèmes écologiques croissants, des épidémies répétées, ainsi que la pression et les critiques venant à la fois des organisations non gouvernementales et des pays consommateurs, ont entraîné des changements dans cette activité à la fin des années 1990. Depuis, une réglementation plus stricte a été mise en place par les gouvernements. En 1999 fût lancé un programme international visant à développer et promouvoir des pratiques d'élevage plus durables, programme impliquant des organismes gouvernementaux, des représentants de ce secteur économique et des organisations environnementales.

Pendant les années 90, l'industrie aquacole des crevettes a été confrontée à divers problèmes pathologiques associés à l'élevage et qui ont provoqué d'importantes fluctuations dans la production.

4

2.- Systèmes d'élevages

Trois méthodes d'élevages sont utilisées:

2.1.- Elevage extensif

Ce système de bas niveau technologique, utilise de faibles densités d'ensemencement (< 3 crevettes/m^2) sans supplément alimentaire. Les bassins utilisés dans ce type d'élevage sont creusés à même le sol et ont une surface souvent importante (pour certains de plus de 50 ha). Cette méthode n'utilise pas d'apport extérieur et la production se base sur la productivité naturelle et sur les «blooms» de phytoplancton pour fournir l'alimentation nécessaire. Les besoins en oxygène et renouvellement d'eau sont bas, car la biomasse n'est pas significative.

Les rendements sont faibles, autour de 270 kg/ha/an de queues de crevettes et le besoin de main-d'oeuvre est de 1 personne pour 30 ha. Cette technique peut générer des résultats relativement satisfaisants si l'élevage est bien mené, mais s'avère généralement peu rentable (Rosenberry, 1998). En 1998, 60% des zones en production correspondaient à des fermes d'élevage extensif, mais elles ne rapportaient que 40% de la production totale de crevettes (Rosenberry, 1998).

2.2.- Elevage semi-intensif

La production provenant des fermes qui pratiquent l'élevage semi-intensif (Fig. 2) a progressé en un an de 30% en 1998 et de 46% en 1999 (Rosenberry, 2001). Le système semi-intensif utilise des densités d'ensemencement plus élevées (4 à 20 crevettes/m^2). Pendant tout le cycle d'élevage il y a une supplémentation alimentaire et une fertilisation du milieu. Les variables environnementales et la biomasse de l'élevage sont suivis et relevés périodiquement. Les rendements moyens de ce système sont d'environ 1.000 kg/ha/an, avec un cycle variant entre 120 et 140 jours. Le facteur de conversion alimentaire varie entre 1,8 et 2,3 Kg d'aliment par Kg de crevette. Le niveau technologique de ce système est moyen et le besoin de main-d'oeuvre est d'une personne par ha.

Fig. 2.- Élevages des crevettes. Système semiintensif dans une ferme aquacole du Madagascar.

6

2.3.- Elevage intensif

Cette méthode d'élevage n'a jusqu'à présent été utilisée qu'expérimentalement. Elle n'a suscité que peu d'intérêt chez les producteurs, essentiellement à cause des niveaux d'investissement importants demandés.

Ce système nécessite un haut niveau technologique et demande une main-d'œuvre qualifiée dans plusieurs disciplines. La surface nécessaire est relativement petite: des bassins d'une taille comprise entre 0,1 et 5 ha, des densités d'ensemencement élevées (80 à 500 animaux/m^2).

L'alimentation, la qualité de l'eau, la température et l'aération sont soigneusement contrôlés. Cette méthode est sujette à un risque élevé de maladies, en particulier dû à la qualité des larves et des sources de stress. Ce système nécessite une personne pour 0,3 ha. En 1998, les fermes d'élevage intensif, ont seulement totalisé 10% du secteur de la crevette, représentant environ 0,2% de la production totale (Rosenberry, 1998).

2.4.- Cycle de vie de la crevette

Les crevettes Penaeides atteignent leur maturité et se reproduisent dans un habitat marin. Les femelles pondent de 50 000 à un million d'œufs, qui éclosent au bout de 24 heures et donnent naissance à de minuscules larves appelées nauplius (larve). Ces nauplii se nourrissent des réserves internes du vitellus de leur organisme et subissent une première métamorphose qui les transforme en Zoé.

Cette seconde phase larvaire se nourrit dans la nature d'algue et au bout de quelques jours se métamorphose à nouveau dans une troisième phase pour devenir des mysis.

Les mysis ressemblent déjà à de minuscules crevettes et leur alimentation est constituée d'algues et de zooplancton. Après trois à quatre jours supplémentaires, elles se métamorphosent en post-larves qui sont de jeunes crevettes ayant toutes les caractéristiques des adultes. L'ensemble du processus dure environ douze jours depuis l'éclosion. Dans la nature, les post-larves migrent alors vers les estuaires, qui sont riches en éléments nutritifs et pauvres en salinité. Là, elles grandissent et retournent finalement vers la mer quand elles atteignent leur maturité. Les crevettes adultes sont des animaux benthiques, c'est-à-dire vivant principalement au fond de la mer (Fig. 3).

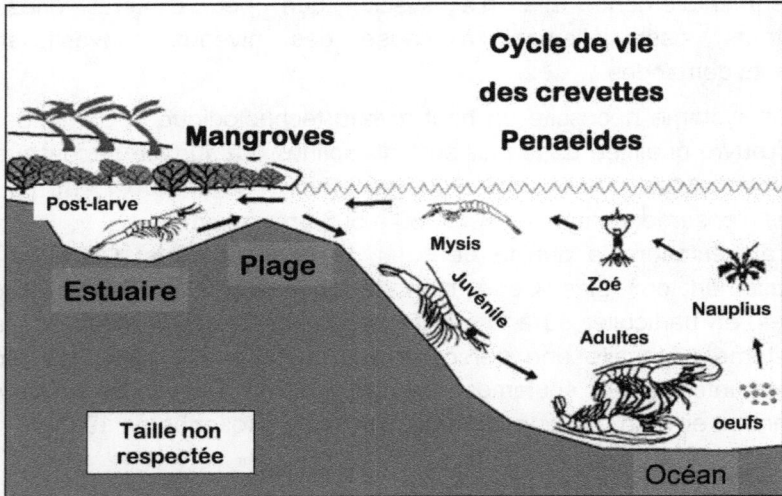

Fig. 3.- Cycle de vie des crevettes Penaeides (d'après, Rosenberry).

3.- Les maladies associées aux élevages des crevettes

Les plus importantes maladies infectieuses atteignant les crevettes Penaeides en élevages sont causées par des virus. Mais des affections bactériennes existent aussi.

Une des premières pathologies de crevettes en élevage a été le Syndrome de la « Gaviota » décrit entre les années 1989 et 1990 (Mc Vey, 1993). Cette maladie a été ainsi nommée à cause de la présence significative de mouettes (Gaviota, en espagnol) et d'autres oiseaux marins qui attendaient pour capturer les crevettes moribondes sur les bords des bassins.

Des études ont montré que les mortalités étaient dues à des bactéries, principalement du genre *Vibrio*. La maladie se caractérise en histopathologie par la présence de nodules hémocytaires multifocaux (Lightner *et al.*, 1998) et par un symptôme spécifique de l'infection par ces *Vibrio*: la luminescence des crevettes malades (Lightner, 1996). Les espèces bactériennes fréquemment associées à ce syndrome sont: *V. harveyi, V. vulnificus, V. parahaemolyticus et V. alginolyticus.*

Le premier agent viral signalé dans des élevages de crevettes a été *Baculovirus penaei* (BP) au début des années 70 (Couch, 1974) (Tableau 1). A l'origine, découvert chez la crevette rose du Golfe du Mexique, *Penaeus duorarum*, ce virus se caractérise par la formation de corps d'inclusion à matrice crystalline, les polyèdres, composés d'une seule protéine la polyèdrine (Couch, 1989). Une étude ultérieure a proposé de donner à BP la désignation de *Pv*SNPV pour « *Penaeus vannamei*, single nucleocapside polyhedrosis virus » (Bonami *et al.*, 1995) en accord avec la nomenclature officielle des Baculovirus (ICTV, International Comitee of Nomenclature of viruses) (Francki *et al.*, 1991).Ce virus a été associé à d'importantes mortalités chez les larves, postlarves et/ou juvéniles de *P. vannamei*.

Chez les larves, l'infection à BP peut apparaître aux stades zoé II et mysis. Chez les stades mysis, les mortalités cumulées peuvent atteindre 90%. Chez les post-larves et juvéniles, la prévalence de l'infection par BP et sa sévérité peuvent être aussi très élevées. Le principal signe histologique de BP est la présence de corps d'inclusion tétraédriques détectables en microscopie photonique dans les noyaux des cellules épithéliales de l'hépatopancréas et de l'intestin moyen.

Après 1992, des mortalités significatives ont été observées dans les fermes de la zone de Taura, en Equateur, principalement chez les juvéniles entre 0,5 et 3 g de poids moyen, (Jiménez, 1992). Une des caractéristiques histopathologique importante que présentaient les animaux touchés, consistait en une nécrose multifocale de l'épiderme sous-cuticulaire. Cette pathologie a été nommée Syndrome de Taura (Tableau 1). La maladie s'est progressivement étendue jusqu'à affecter en 1993 les fermes de crevettes à l'intérieur du Golfe de Guayaquil, l'estuaire le plus important de la côte occidentale de l'Amérique du Sud. Les taux de mortalité, provoqués variaient de 60% à 90% chez les juvéniles.

La chute de la production liée à ce Syndrome pendant les années 1993-1994 est estimée entre 15% à 30%. Les pertes économiques ont été évaluées autour de 300 millions de dollars (Jiménez, 1992).

Ces mortalités furent d'abord attribuées à l'utilisation de fongicides destinés à traiter les bananiers dans cette zone. Mais des recherches ultérieures (Hasson *et al.,* 1995; Lightner *et al.*, 1995) ont prouvé que le Syndrome de Taura était une maladie d'origine infectieuse. Bonami *et al.*, (1997) ont isolé son agent étiologique et l'ont caractérisé comme un virus à ARN simple brin, proche de la famille des *Picornaviridae*. Les recherches sur la structure et la composition du génome ont permis de l'associer par la suite à la nouvelle famille des *Dicistroviridae*, genre *Cricket paralysis-like virus* (Mari *et al.*, 2002).

D'autre part, l'IHHNV (Infectious hypodermal and hematopoietic necrosis virus) (Tableau 1) décrit en 1981 est à l'origine de fortes mortalités (80–90%) dans les élevages de *P. stylirostris* à Hawaii (Lightner *et al.*, 1983). Il est aussi à l'origine d'une maladie appelée «runt and deformity syndrome» chez *P. vannamei* (Kalagayan *et al.*, 1991), qui se caractérise par une croissance lente et des malformations cuticulaires en particulier des déformations latérales au niveau du rostre. Elle a eu historiquement une incidence modérée chez *P. vannamei* pendant que des infections sévères étaient enregistrées chez *P. stylirostris*.

Tableau 1.- Les virus des crevettes en élevage (selon Lightner et Redman, 1998, modifié).

Virus à ADN	
Parvoviridae	
IHHNV	Infectious hypodermal and hepatopoietic necrosis virus
HPV	Hepatopancratic parvovirus
LPV	lymphoidal parvo-like virus
Baculoviridae	
BP	Baculovirus penaei
MBV	Penaeus monodon type baculovirus
BMNV	Baculoviral midgut gland necrosis virus
SEMV	Systematic ectodermal and mesodermal baculovirus
RV-PJ	Rod-shaped virus of *Penaeus japonicus*
HHNBV	Hypodermal and hematopoietic necrosis baculovirus
Whispoviridae	
WSSV	White spot síndrome virus
Large baculo like viruses	
PHRV	Hemocyte-infecting nonoccluded baculovirus
Iridoviridae	
IRDO	Shrimp iridovirus

11

Tableau 1.- Suite

Virus à ARN	
Picornaviridae	
TSV	Taura síndrome virus
Reoviridae	
REO-III	Type III reo-like virus
REO-IV	Type IV-reo-like virus
Togaviridae	
LOW	Lymphoid organ vacuolization virus
Rhabdoviridae et ss RNA	
YHV	Yellow head virus
RPS	Rhabdovirus of penaeid shrimp
IMNV	Infectious myonecrosis virus
PvNv	*Penaeus vannamei* nodavirus

4.- Stratégies pour réduire la mortalité due au WSSV dans les systèmes de production

Les principales stratégies tentées pour tenter de réduire les mortalités dans les fermes de crevettes sont les suivantes:

4.1.- Sélection génétique

Avant l'épidémie à WSSV, les éleveurs utilisaient des larves et des crevettes reproductrices d'origine sauvage. La pathologie due au virus a généré des programmes de sélection génétique pour la création de lignées résistantes ou tolérantes. Les infections expérimentales avec du WSSV, effectuées sur des *P. vannamei* ont montré des variations de survie significatives (de 4 à 15%) (Valles-Jiménez *et al.*, 2004). Des études complémentaires sur des lignées de *P. vannamei* ont montré que ces différences sont associées aux réponses particulaires de chaque lignée liée à leur activité cellulaire spécifique et leur degré de prolifération hémocytaire (Maldonado, 2003).

4.2.- Protocoles d'élevages

Quelques initiatives ont été prises pour l'établissement de normes zootechniques qui permettraient de réduire l'impact du WSSV dans les élevages.

Des règles de biosécurité ont été élaborées pour les salles de maturation et d'élevage de larves. Les traitements de désinfection des oeufs avec de l'eau stérile iodée sont recommandés (Alday, 1999)

Le protocole proposé recommande:

- d'ensemencer les bassins avec des larves considérés négatives au WSSV contrôlées par PCR

- d'élever des crevettes en réduisent au minimum les apports d'eau extérieurs

- d'utiliser en amont un système de filtration de l'eau

- d'inclure un à sec prolongé entre les cycles de production

13

- de réduire les concentrations de matières organiques

-d'utiliser une densité d'ensemencement modérée

-d'optimiser le taux d'oxygène dissous (Boyd C. E., 1999).

Rodríguez *et al.*, (2003) ont montré lors d'une étude épidémiologique la relation entre la prévalence au WSSV et la saison sèche/froide. Les températures modérées sont un facteur de risque important. L'hyperthermie (l'eau = 32°C) permet d'observer une survie de 100% chez des *P. vannamei* infectées (Sonnenholzner *et al.*, 2002). Cette température élevée stimulerait la prolifération des hémocytes, leur infiltration intra-tissulaire et l'augmentation de la réponse immunitaire contre le WSSV. Ces observations ont entraîné des projets de développement d'élevage de crevettes sous serre (Sonnenholzner *et al.*, 2002).

Chapitre II.

Les virus étudiés

1. - Le White Spot Syndrome Virus (WSSV)

Le WSSV est un virus bacilliforme, non inclus, enveloppé, à ADN double brin (Chou *et al.*, 1995; Wang *et al.*, 1995; Wongteerasupaya *et al.*, 1995; Durand *et al.*, 1997). Les virions enveloppés mesurent 210-380 nm de long et 70-167 nm de diamètre (Chang *et al.*, 1998; Park *et al.*, 1998; Rajendran *et al.*, 1999). Le génome a une taille d'environ 292.967 pb (van Hulten *et al.*, 2001). Cependant, des variations de taille ont été publiées pour les différents isolats (van Hulten *et al.*, 2001).

Par sa distribution géographique, ce virus a été identifié sous divers noms Hypodermal et Haematopoietic Necrosis Bacu ovirus [HHNBV] (Durand *et al.*, 1997), *Penaeus monodon* non-occluded Baculovirus [PmNOB III] (Wang *et al.*, 1997), Rod-Shaped Nuclear virus *Penaeus japonicus* [RV-JP] (Inouye *et al.*, 1996), Penaied Rod Shaped DNA virus (Venegas *et al.*, 2000), Systemic Ectodermal and Mesodermal Baculovirus [SEMBV] (Wonteerasupaya *et al.*, 1995; Sahul Hameed *et al.*, 1998) et White Spot Baculovirus [WSBV] (Chou *et al.*, 1995; Lightner 1996). Toutefois, pour uniformiser l'identification une seule dénomination a été adoptée « White spot syndrome virus » (Nunan et Lightner, 1997). A parti¯ de 2003, ce virus a été classé dans une nouvelle famille, les Nimaviridae (Nima: Latin=fil) et un nouveau genre Whispovirus (Fauquet *et al.*, 2005).

1.1.-Les signes cliniques de la maladie

Les signes cliniques de la maladie chez les crevettes Penaeidae sont: l'anorexie, la léthargie, une coloration de rose à marron de la carapace et surtout la présence de points blancs de 0,5 à 2 mm de diamètre sur la cuticule au niveau du céphalothorax et entre les segments abdominaux (Wang *et al.*, 1995; Ligthner 1996; Durand *et al.*, 1997; Sahul Hameed *et al.*, 1998) (Fig. 4). Les crevettes infectées nagent lentement près de la surface et par la suite descendent au fond et meurent (Chang *et al.*, 1996; Lightner, 1996; Durand *et al.*, 1997; Lightner *et al.*, 1997; Karunasagar *et al.*, 1997; Chang *et al.*, 1998; Nunan *et al.*, 1998; Wang *et al.*, 1998).

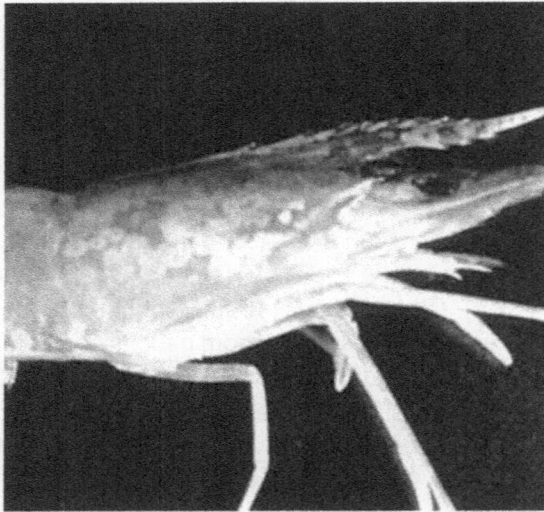

Fig. 4.- Crevette *P. monodon* infecté par le WSSV.
Présence de tachés blanches au niveau du céphalothorax (d'après Lightner, 1996).

16

1.2.-Les hôtes

Le WSSV provoque des mortalités de 90 à 100% chez les crevettes d'élevage, dans un délai de 3 à 10 jours post-infection (Lightner, 1996). Par ses propriétés infectieuses le WSSV est considéré comme un risque pour l'équilibre biologique. Il possède un grand nombre d'hôtes, principalement appartenant aux Arthropodes et comprenant la plupart des crevettes marines et d'eau douce, les crabes, les langoustes et les écrevisses (Lo *et al.*, 1996; Wang *et al.*, 1998; Supamattaya *et al.*, 1998; Chang *et al.*, 1998; Rajendran *et al.*, 1999; Shi *et al.*, 2000; Sahul Hameed *et al.*, 2000; Huang *et al.*, 2001; Corbel *et al.*, 2001; Sahul Hameed *et al.*, 2001; Hossain *et al.*, 2001; Sahul Hameed et al., 2003; Vaseeharan *et al.*, 2003; Jiravanichpaisal *et al.*, 2004; Dupuy *et al.*, 2004).

On l'a détecté également dans des larves d'insectes de la famille Ephydridae (Lo *et al.*, 1996) et des vers (Phylum Annelida) en particulier les polychètes (Vijayan *et al.*, 2005) (Tableau 3).

Tableau 2.- Liste des hôtes infectes par le WSSV de façon naturelle ou expérimentale (d'après Escobedo Bonilla *et al.*, 2008).

	Espèces	Spontané	Expérimentale
Penaeides			
	Penaeus aztecus		X
	Penaeus dorarum		X
	Fenneropenaeus chinensis	X	X
	Penaeus indicus	X	X
	P. merguensis	X	X
	P. setiferus		X
	P. stylirostris	X	X
	P. vannamei	X	X
	Marsopenaeus japonicus	X	X
	Metapenaus dobsonii	X	X
	M. ensis	X	X
	M. monoceros		X
	Penaeus monodon	X	X
Caridean			
	P. penicillatus	X	X
	P. semisulcatus	X	X
	Parapenaeopsis stylifera	X	
	Solenocera indica	X	
	Trachypenaeus curvirostris	X	X
	Alpheus sp.		X
	Callinasa sp.		X
	Exopalaemon orientalis		X
	Palaemon sp.	X	X
	P. adspersus		X
	Macrobrachium idella		X
	M. lamerrae		X
	M. rosenbergii	X	X
Homard			
	Panulirus homarus		X
	P. longipes	X	X
	P. ornatus	X	X
	P. penicillatus		X

18

Tableau 2.- Suite

	Espèces	Spontaré	Expérimentale
	P. polyphagus	X	X
	P. versicolor	X	X
	Scyllarus arctus		X
	Astacus astacus		X
	A. leptodactylus		X
	Cherax desctructor		X
	C. quadricarinatus		X
	Pacisfastacus leniusculus		X
	Procambarus clarkii		X
	Orconectes limosus		X
	Atergatis integerrimus		X
	Calappa philarigus	X	X
	Callinectes lophos		X
	Cancer pagurus		X
	Carcinus maenas		X
	Charybdis annulata	X	X
	C. cruciata		X
	C. feriatus	X	X
	C. granulata		X
	C. lucifera	X	X
	C. natatus	X	X
	Dermania splendida		X
	Doclea hybrida		X
	Gelasimus mariunis nitidus	X	
	Grapsus albolineatus		X
	Halimedis ochtodes		X
	Helice tridens	X	
	Liagore rubronaculata		X
	Liocarcinus depurator		X
	L. puber		X
	Linodes maja		X

19

Tableau 2.- Suite

	Espèces	Spontané	Expérimentale
Crabes			
	Macropthalmus sulcatus	X	
	Matuta miersi		X
	M.planipes	X	
	Minippe rumphii		X
	Metaprograpsus sp.		X
	Paradorippe granulata		X
	Paratelphusa hydrodomous		X
	P. pulvinata		X
	Parthenope prensor		X
	Phylira syndactyla		X
	Podopthalmus vigil		X
	Portunus pelagicus	X	X
	P. sanguinolentus	X	X
	Sesarma sp.		X
	S. oceanica	X	
	Scylla serrata	X	X
Autres			
	S. tranquebaricca		X
	Thalamite danae		X
	Uca pugilator		X
	Segestoidea Acetes sp.	X	X
	Balanus sp.	X	X
	Brachiopoda Cladocera	X	
	Brachiopoda Artemia sp.	X	
	Stomatopoda, Squilla mantis	X	
	Copepoda	X	
	Chateognata	X	
	Rotifera	X	
	Polychaeta Marphysa sp.	X	
	Coleptera Ephyridae	X	

1.3.-Distribution Géographique

Le WSSV a été observé pour la première fois, au sud-est de l'Asie dans les années 1992 et 1993 (Zhang *et al.*, 1994): en Chine d'abord, puis au Japon et à Taiwan. Ensuite, le WSSV a été trouvé dans d'autres pays comme la Thaïlande (Wongteerasupaya *et al.*, 1995), la Corée, l'Indonésie, le Vietnam, la Malaisie et l'Inde (Chou *et al.*, 1995; Wang *et al.*, 1995).

En Amérique, le WSSV a été détecté initialement en 1995 aux Etats-Unis, chez *P. setiferus* élevée au Texas (Nunan *et al.*, 2001). A la fin de 1998, le WSSV a été identifié dans des élevages de *P. vannamei* et *P. stylirostris* de la côte Pacifique de l'Amérique Centrale et de l'Amérique du Sud. L'Equateur, principal éleveur dans la région a vu sa production dévastée par la maladie dans les années 90 (Jory et Dixon, 1999).

En Australie, des crabes et des chevrettes ont été trouvés WSSV-positifs par PCR en 2000. Par la suite, ces résultats ont été démontrés comme faux positifs (Claydon *et al.*, 2004). Mais il est à remarquer que l'Australie risque toujours d'avoir des infections avec le WSSV du fait de sa proximité avec le Sud-Ouest de l'Asie, et la possibilité d'importation involontaire de crustacées infectés (Claydon *et al.*, 2004)(Tableau 4).

Tableau 3.- Historique de la détection du WSSV chez les crevettes d'élevage en Asie et en Amérique (d'après Escobedo Bonilla *et al.*, 2008).

Année	Pays	Références
1992	Taiwan	Chou *et al.*, 1995
1993	Chine, Japon, Corée	Zhan *et al.*, 1998; Inouye *et al.*, 1994; Park *et al.*, 1998
1994	Thaïlande, Inde, Bangladesh	Lo *et al.*, 1996; Karunasagar *et al.*, 1997; Mazid et Banu 2002
1995	Etats-Unis	Lightner 1996; Wang *et al.*, 1999
1996	Indonésie, Malaise, Sri Lanka	Durand *et al.*, 1996; Kasornchandra *et al.*, 1998; Rajan *et al.*, 2000
1997	Vietnam	Bondad-Reantaso *et al.*, 2001
1998	Pérou	Rosenberry *et al.*, 2001
1999	Philippines, Équateur, Colombie, Panama	Magbanua *et al.*, 2000; Bondad-Reantaso *et al.*, 2001
1999	Honduras, Nicaragua, Guatemala, Belize	
1999-2000	Mexique	Bondad-Reantaso *et al.*, 2001
2002	*France, Iran	Dieu *et al.*, 2004, Marks 2005
2005	Brésil	APHIS-USA 2005

* Cet information n'a été jamais confirmée par aucun prélèvement.

1.4.- L'agent étiologique

1.4.1.-Isolation du virus

Plusieurs travaux ont décrit l'isolement et la purification du WSSV, en utilisant des gradients de sucrose, de chlorure de caesium, et des centrifugations différentielles (Wang *et al.*, 1995; Wongteerasupaya *et al.*, 1995; Durand *et al.*, 1996; Durand *et al.*, 1997; Sahul Hameed *et al.*, 1998; Shi, 2000; Wang *et al.*, 2000; Huang *et al.*, 2001; Chen *et al.*, 2002 a; Tsai *et al.*, 2000; Xie *et al.*, 2005).

Le matériel viral a une densité de 1, 22 g/ml-1 pour les virions en CsCl, et de 1,31 g/ml-1 pour les nucléocapsides. Après coloration négative, les virions observés en MET sont bacilliformes à ovoïdes, entourés d'une enveloppe lâche de 6-7 nm d'épaisseur, néoformée dans le noyau et de structure tri laminaire (Durand, 1997) (Fig. 5).

1.4.2. - Caractéristiques des virions [WSSV]

Observés en MET après coloration négative, les virions sont bacilliformes à ovoïdes dans une enveloppe lâche (Fig. 5). L'enveloppe virale mesure 6-7 nm d'épaisseur correspondant à une structure membranaire tripartite; avec deux feuillets denses séparés par un espace clair (Wongteerasupaya *et al.*, 1995; Durand *et al.*, 1997). Chaque particule virale possède à une de ses extrémités une extension de l'enveloppe (Wongteerasupaya *et al.*, 1995; Durand *et al.,* 1996; Durand, 1997; Shi, 2000) ayant l'aspect d'un flagelle et qui est caractéristique de ce virus (Fig. 6).

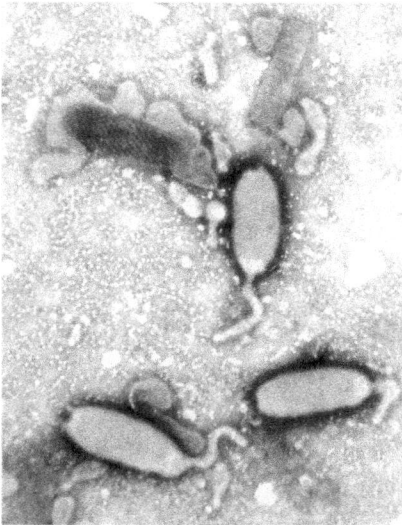

Fig. 5.- WSSV observe directement dans l'hémolymphe (APT 2 %).

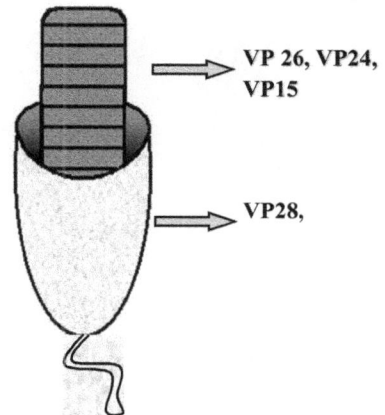

Fig. 6.- WSSV. Représentation schématique (Selon Fauquet *et al.*, 2005).

La nucléocapside est asymétrique avec une extrémité légèrement arrondie et l'autre plate. La nucléocapside est constituée par 15 segments annulaires disposés perpendiculairement à l'axe de la particule. Ils sont formés par des sous-unités de 8 nm de diamètre organisées en deux lignes perpendiculaires (Durand, 1997; Durand *et al.*, 1997; Shi, 2000; Huang *et al.,* 2001).

L'observation des coupes ultra-fines en MET de cellules infectées chez *P. vannamei*, *P. stylirostris* et *P. japonicus* ont permis de décrire les différentes étapes de la virogénèse (Durand *et al.*, 1997; Di Leonardo *et al.*, 2005). Au début de l'infection on note une hypertrophie nucléaire associée à une margination de la chromatine. Le noyau contient du matériel granulaire et fibrillaire, ainsi que de nombreux fragments circulaires ou linéaires d'aspect membranaire.

Dans des cellules hautement infectées, les virions en formation se localisent au centre alors que les virions mâtures tendent à se positionner dans la périphérie du noyau (Durand *et al.*, 1997).

1.4.3.- Les protéines virales et les gènes

Le génome du WSSV a été complètement séquencé et décrit par Yang et al. (2001) et van Hulten et al. (2001). Les différentes souches virales sont nommées selon leur origine géographique. Ainsi, l'isolat de 292,9 Kb de Thaïlande est identifié comme étant le WSSV-TH alors que le WSSV-TW, de 307,2 kb a été isolé à partir d'un échantillon de Taiwan. Enfin, les échantillons originaires de Chine sont connus comme WSSV-CN. Le génome du WSSV-TH est composé de 184 ORFs (open reading frames) et le WSSV-CN en compte 181 (Lo et al., 1998; Yang et al., 2001). Entre les trois, le WSSV-TH est considéré comme le plus virulent (Marks et al., 2005).

Le séquençage complet du génome du WSSV (Yang et al., 2001; van Hulten et al., 2001) a permis de comprendre les bases moléculaires de l'infection (Fig. 7), de sa réplication et de sa pathogenèse. Cela a permis l'établissement de stratégies de contrôle de la maladie, basée sur l'étude et la caractérisation de certains gènes viraux et des protéines correspondantes (Tableau 5).

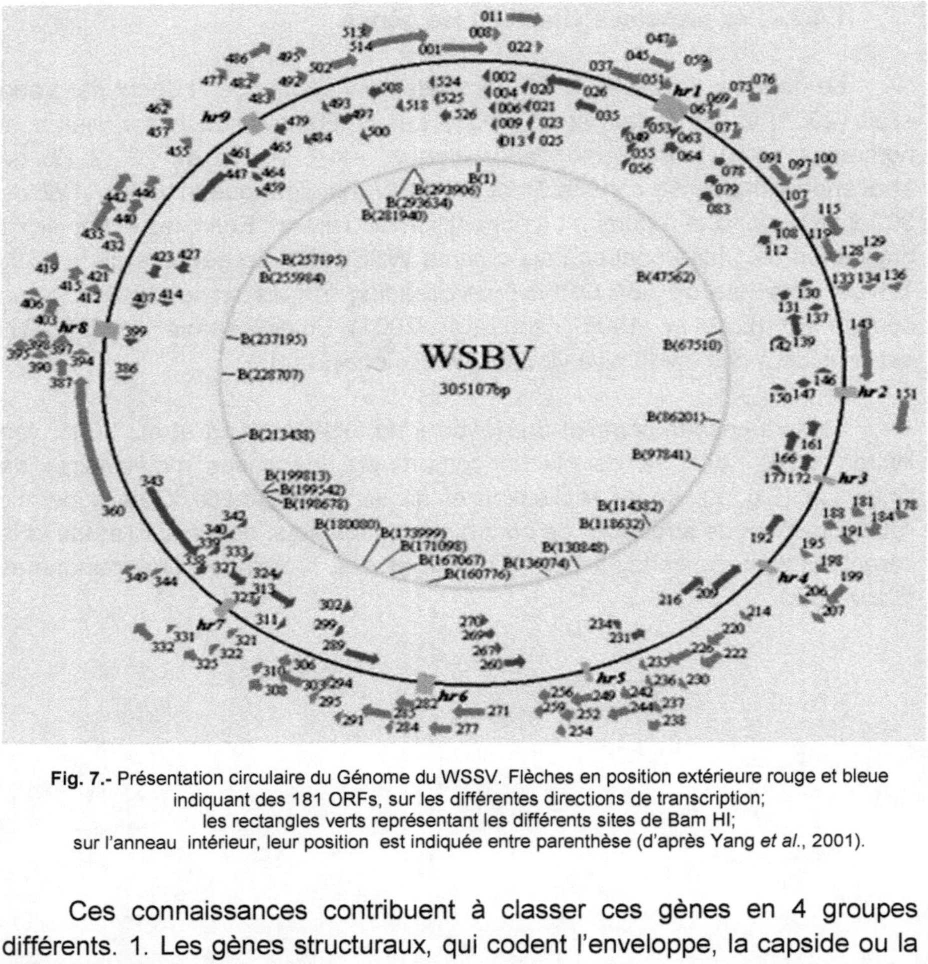

Fig. 7.- Présentation circulaire du Génome du WSSV. Flèches en position extérieure rouge et bleue indiquant des 181 ORFs, sur les différentes directions de transcription; les rectangles verts représentent les différents sites de Bam HI; sur l'anneau intérieur, leur position est indiquée entre parenthèse (d'après Yang et al., 2001).

Ces connaissances contribuent à classer ces gènes en 4 groupes différents. 1. Les gènes structuraux, qui codent l'enveloppe, la capside ou la nucléocapside (van Hulten et al., 2001; Huang et al., 2004; Yi et al., 2004; Liang et al., 2005; Huang et al., 2005; Witteveldt et al., 2005; Xie et al., 2005). 2. Les gènes codant une fonction, par exemple: récepteur des cytokines, interaction avec l'Actine (Tsai et al., 2004; Huang et al., 2005; Wang et al., 2005). 3. Le groupe des gènes temporaires qui interviennent par exemple au niveau de la transcription (Liu et al., 2005). 4. Les gènes du WSSV, qui montrent des homologies partielles avec des séquences connues, qui ont été identifiés et caractérisés; parmi eux, ceux qui codent pour une « GTP-Binding activity », (Han et al., 2007), un « auto-represseur » (Hossain et al., 2004), l'interaction de la phosphatase (Lu et Kwang 2004), une protéine-kinase (Liu

26

et al., 2001), une ribonucleotide-reductase (Lin *et al.,* 2002), une ADN-polymerase (Chen *et al.,* 2002 b), une colagènase (Li *et al.,* 2004), un nouveau gène anti-apoptose (Wang *et al.,* 2004) (Tableau 5) .

Tableau 4.- Les gènes, les ORF's et protéines du WSSV (d'après Sanchez Martinez *et al* ; 2007).

Type	Function/protein encoded	Gene/ORF/Protein
Structural	Enveloppe	VP 19, VP 406, VP 281
	Enveloppe/ interaction avec l'Actin	VP 26/ VP 22
	Enveloppe/ S'attacher a la cellule	VP 28/ VP 27.5
	Pénétration cellulaire	
	Enveloppe	VP 110/ *WSSV* 092
	Nucléocapside	VP 15/ VP 24
	Nucléocapside	VP 664/ *WSSV* 419
	Nucléocapside	VP 136/WSSV 524
Fonction	Enveloppe, récepteur des cytokines	VP 76/ ORF 112 ou 220
	Interaction avec l'actine	VP 51 C / *WSSV* 364
	Met Prim/ATPase S/ER	VP 95 / *WSSV* 502
		VP 75 / *WSSV 388*
		VP 73 / *WSSV 275*
	Vitellogenin-like	VP 60 A / *WSSV381*
		VP 60 B / *WSSV 474*
		VP 55 / *WSSV 051*
	Hémocyanine	VP 53 A / *WSSV 067*
		VP 53 B / *WSSV 171*
		VP 53 C / *WSSV 324*
		VP 51 A / *WSSV 294*
		VP 51 B / *WSSV 311*
		VP 41 A / *WSSV 293*
		VP 41 B / *WSSV 298*
		VP 39 A / *WSSV 362*
		VP 39 B / *WSSV 395*
		VP 38 A / *WSSV 314*
		VP 38 B / *WSSV 449*
		VP 36 A / *WSSV 134*
	Réaction Photo systémique	VP 36 B / *WSSV 309*
		VP 32 / *WSSV 253*
	RING-H2motif/séquestrer ligase	*WSSV 249*
		VP 24 / *WSSV 480*
		VP 13 A / *WSSV 339*
		VP 13 B / *WSSV 377*
		VP 12 B / *WSSV 445*
		VP 12 A/ *WSSV 065*
		VP 11 / *WSSV 394*
	dUTPase, nucléotides du métabolisme	*WSSV 112*
	Nucléases non spécifiques	*WSSV 191*
	nucléotide du métabolisme	*WSSV 067,172, 188, 395*
	Anti-apoptique	ORF 390
Temporal	Facteur putative de transcription	ORF 126
		ORF 242
		ORF 418
	Activité binding- GTP	*WSSV 447*
"Latency"	Shrimp phosphatase interact	ORF 247

Les variations génétiques des virus ne sont pas rares. En général, les virus ont une plus grande diversité génétique que tout autre groupe d'organisme, dû au fait que la sélection naturelle agit sur les génomes viraux en les modifiant continuellement par mutation et recombinaison (Fenner et al., 1993). La conséquence la plus évidente de ces changements est l'apparition de souches d'un même virus à partir d'un ancêtre commun. Dans ce contexte, une étude a rapporté la détection et la caractérisation de certaines régions instables (hot spots) du génome du WSSV dans des souches WSSV-CN (Lan et al., 2002). Les auteurs suggèrent, sur la base d'une plus grande mortalité obtenue avec un isolat ancien, que de telles régions sont associées à la virulence (Lan et al., 2002).

En particulier, la fonction de l'enveloppe et celle des protéines structurales dans l'établissement du processus infectieux n'ont pas été déterminées totalement. Actuellement, 5 protéines principales sont connues: VP28 (28 kDa), VP26 (26 kDa), VP24 (24 kDa), VP19 (19 kDa), et VP15 (15 kDa).

Les protéines VP28 et VP19 sont associées à l'enveloppe du virion alors que VP26, VP24 et VP15 sont associées à la nucléocapside (van Hulten et al., 2000; van Hulten et al., 2002). Un anticorps polyclonal spécifique a été produit contre VP28; il neutralise l'infection chez P. monodon, suggérant que VP28 est nécessaire à l'initiation de l'infection (van Hulten et al., 2001). Récemment, une étude in vitro effectuée sur culture primaire de cellules d'organe lymphoïde de P. monodon a montré que VP28 peut se lier aux cellules de la crevette comme protéine de fixation et peut aider au virus à entrer dans le cytoplasme (Yi et al., 2004).

Cinq autres protéines de l'enveloppe ont été aussi décrites: VP281 et VP466 (Huang et al., 2002), VP68 et VP292 (Zhang et al., 2004 a) et VP76 (Huang et al., 2005). Finalement, des essais de neutralisation in vivo en utilisant des anticorps spécifiques contre 6 protéines de l'enveloppe du WSSV (VP22/VP26, VP28, VP68, VP281, VP292 et VP466) ont montré que l'infection par le WSSV pourrait significativement être retardée par les anticorps anti-VP68, anti-VP281 et anti-VP466. On peut en conclure que, comme pour la VP28, ils interviennent dans le processus infectieux du WSSV chez la crevette (Wu et al., 2005).

Des protéines de structure de la nucléocapside ont aussi été caractérisées. Comme la VP35 qui est probablement associée avec le transport du génome viral vers l'intérieur du noyau dû au fait qu'elle possède un NLS (nuclear localization signal) fonctionnellement actif (Chen *et al.*, 2002).

1.5.- Les méthodes de diagnostic

Les principales techniques utilisées pour le diagnostic de l'infection au WSSV se basent sur l'histologie, l'amplification génique (PCR), l'immunohistochimie ainsi que l'hybridation en dot blot ou *in situ (HIS)*.

1.5.1.- L'Histologie
Le diagnostic du WSS par histologie est basé sur l'observation de lésions au niveau des tissus cibles. Dans les cellules infectées, les noyaux sont hypertrophiés caractérisés par des corps d'inclusions intranucléaires.

Les cellules épithéliales sous-cuticulaires et les cellules du tissu connectif montrent par coloration à l'Hématoxyline-Eosine (H&E), des noyaux hypertrophiés avec les inclusions caractéristiques éosinophiles ou basophiles (Lightner, 1996). Ces inclusions nucléaires sont fortement Feulgen positives, soulignant la nature ADN du virus.

Les crevettes moribondes présentent une atteinte des tissus d'origine ectodermique et mésodermique, particulièrement les tissus connectifs et les tissus épithéliaux de tous les organes sauf ceux de l'intestin moyen et de l'hépatopancréas (Wang *et al.*, 1995; Lightner, 1996; Durand *et al.*, 1997; Durand, 1997). En histologie classique ces tissus contiennent de nombreuses cellules à noyaux hypertrophiés avec marginalisation de la chromatine. Un autre signe pathologique récemment rapporté dans le cas des infections à WSSV est la nécrose générale de différents tissus, mais principalement au niveau de l'organe lymphoïde où les cellules montrent pycnose et karyorrhexie (Pantoja et Lightner, 2003). Ce type de nécrose peut induire des confusions dans le diagnostic entre le WSSV et l'YHV (Pantoja et Lightner, 2003).

1.5.2.- Méthodes sérologiques

Des anticorps monoclonaux ont été conçus pour lutter contre le WSSV. La protéine de l'enveloppe VP28, localisée sur a surface de la particule virale, et qui a un rôle important dans la fixation et la pénétration du virus dans les cellules des crevettes (Yi *et al.*, 2004) a été très utilisée pour la préparation d'anticorps monoclonaux (Mabs) (Liu *et al.*, 2002).

Ces anticorps ne montrent pas de réactions avec l'hémolymphe des crevettes exemptes d'infection ou de crevettes infectées avec d'autres virus. Aussi, quelle que soit les réactions observées avec les différentes souches virales du WSSV, les résultats sont les mêmes (Poulos *et al.*, 2001).

Ces Mabs sont à la base de nombreuses méthodes de détection. Ces méthodes ont une sensibilité d'environ 500 pg de protéine virale, et sont utilisées pour détecter le WSSV chez des crevettes avec des symptômes habituels ou asymptomatiques (Anil Shankar et Mohan, 2002).

Ces anticorps ont aussi servi pour le développement d'un test ELISA (Ac-ELISA), capable de différencier des crevettes infectées et non infectées (Liu *et al.*, 2002).

Un antisérum développé à partir de la VP28 est capable de neutraliser les infections à WSSV chez *P. monodon* à partir d'injections intramusculaires. Cet antisérum a été retrouvé dans les différents organes de *P. monodon* et *P. indicus* infectés par le WSSV après 12 ou 24 h post injection (Yoganandhan *et al.*, 2004).

1.5.3. - Dot blot et hybridation *in situ* (HIS)

Le développement de sondes nucléiques a été aussi entrepris comme outil de détection ou pour évaluer l'infection dans des échantillons d'ADN extraits ou dans des tissus (Durand *et al.*, 1996; Durand, 1997; Nunan et Lightner, 1997; Chang *et al.*, 1998; Shi, 2000; Shi *et al.*, 2005).

1.5.4.- La réaction de Polymérisation en chaîne (PCR)

La PCR a été très utilisée pour la détection du WSSV, soit comme une PCR classique ou bien en Multiplex pour la détection simultanée du WSSV et d'autres virus: pour le WSSV et le TSV (Tsai *et al.*, 2002) ou pour le WSSV et l'IHHNV (Dhar *et al.*, 2001). Plusieurs régions du génome du WSSV ont servi pour la conception d'amorces spécifiques utilisées dans des protocoles de PCR classiques. Ces techniques sont capables de détecter le WSSV dans des broyats de post larves, de pléopodes, et d'hémolymphe (Lo *et al.*, 1996; Kimura *et al.*, 1996; Takahashi *et al.*, 1996; Nunan et Lightner 1997; Kasornchandra *et al.*, 1998; Kim et al., 1998; Tapay et al., 1999; Shi, 2000; Corbel *et al.*, 2001; Kiatpathomchai *et al.*, 2001; Wonteerasupaya *et al.*, 2001 ;Galavíz-Silva *et al.*, 2004; Hossain *et al.*, 2004). Ces techniques ont fait place au développement de protocoles de PCR en temps réel (Tang et Lightner, 2000; Tan *et al.*, 2001; Xie *et al.*, 2005; Dhar *et al.*, 2001; Durand et Lightner, 2002) pour quantifier le nombre de copies virales présentes chez les animaux infectés. La PCR a aussi permis d'estimer la prévalence du WSSV dans les écloseries et les élevages (Thakur *et al.*, 2002) et d'identifier les réservoirs (Yan *et al.*, 2004).

1.5.5.-Autres méthodes de diagnostic

Un système de détection par colorimétrie basé sur des « mini-arrays » (Quéré *et al.*, 2002) a aussi été développé permettant une rapidité de diagnostic suffisamment sensible pour être significatif.

Une autre méthode du détection utilisée est la LAMP (The loop-Mediated isothermal Amplification) capable de détecter 1 fg d'ADN viral par réaction (Kono *et al.*, 2004). Cette méthode est très sensible en comparaison avec la double PCR (nested) qui est-elle capable de détecter que 10 fg.

1.6.-Les voies de transmission

Le WSSV est un virus extrêmement contagieux. Il peut se transmettre par transmission horizontale: cohabitation (Kanchanaphum *et al.*, 1998), ingestion (per os), immersion en milieu contaminé et par injection de suspensions obtenues à partir de broyats de tissus d'animaux malades (Takahashi *et al.*, 1994; Chou *et al.*, 1995; Durand *et al.*, 1997; Chou *et al.*, 1998; Shi, 2000; Corbel *et al.*, 2001). Il est vraisemblable qu'il existe aussi une transmission verticale puisqu'il infecte les gonades des géniteurs (Lo *et al.*, 1997; Lo et Kou, 1998; Hossain *et al.*, 2001) et qu'en élevage de très jeunes stades sont atteints dès l'écloserie. Toutefois, dans ce dernier cas aucune preuve décisive n'a été apportée à ce jour.

Le mécanisme d'entrée du WSSV dans la crevette et sa dispersion dans le corps du crustacé sont encore mal connus. Toutefois, une étude comparative sur les voies d'infection du WSSV entre les genres *Penaeus japonicus* et *Palaemon* sp. a montré qu'il ne peut pas infecter *Palaemon* sp. *per os*, (alors qu'il est pathogène par injection) suggérant que le virus ne peut traverser le tractus digestif de l'hôte (Di Leonardo *et al.*, 2005).

En effet, l'observation des noyaux infectés dans des cellules de l'épithélium digestif de l'intestin moyen chez *P. japonicus* révèle par hybridation *in situ* (HIS) une infection primaire du WSSV dans les cellules épithéliales précédant la phase systémique de l'infection (Di Leonardo *et al.*, 2005).

1.7.-Contrôle et prévention de la maladie

Pour le contrôle du WSSV, on ne connaît aucun traitement valable face à l'infection (Wittevelt *et al.*, 2004).

Toutefois il existe quelques stratégies qui sont mises en œuvre:

La désinfection constante de l'eau de mer avec le « STEL water » ; cette action pourrait prévenir l'infection des crevettes dans les élevages (Park *et al.*, 2004).

«La vaccination » -c'est-à-dire ici, l'immunisation intramusculaire, avec des protéines de l'enveloppe VP28 et VP19 (Witteveltd *et al.*, 2004). Namikoshi *et al.* (2004) suggèrent l'utilisation de protéines recombinants VP28 qui pourraient induire une résistance de la crevette face à l'infection du WSSV.

L'utilisation de substances actives anti-virales extraites de plantes médicinales pourrait à terme apporter une solution à ce problème pathologique subi par les crevettes en aquaculture. En effet, des travaux récents indiquent de possibles traitements par addition de ces substances dans l'alimentation des crevettes avec des résultats encourageants (Balasubramanian *et al.*, 2007).

Quoi qu'il en soit, c'est pour le moment la prophylaxie qui dans ce domaine apporte les meilleurs résultats, en limitant les échanges d'eau, en contrôlant la qualité sanitaire des post larves, et en respectant les règles de bonne gestion en aquaculture marine.

2.-Le nodavirus de *Macrobrachium rosenbergii*

2.1.-White Tail Disease (WTD)

La White Tail Disease (WTD) est une maladie qui affecte les chevrettes *Macrobrachium rosenbergii* (de Man). Les agents pathogènes ont été identifiés comme étant deux virus: *Macrobrachium rosenbergii* Nodavirus (*Mr*NV) et un virus de très petite taille appelé Extra Small Virus (XSV).

2.2.-Agents étiologique de WTD

Le *Mr*Nv a été le premier virus détecté. Il est de symétrie icosaédrique (Fig. 8), non enveloppé, de 27 nm de diamètre. Son génome est composé de deux fragments d'ARN simple brin, linéaires, de 2,9 et de 1,3 Kb. Sa capside est composée d'un seul polypeptide de 43 kDa (CP43) (Qian *et al.*, 2003). Ce virus est observé dans le cytoplasme des cellules cu tissu connectif (Arcier *et al.*, 1999). Le *Mr*NV appartient à la famille des Nodaviridae; c'est une particule de densité de 1,27-1,37 g/mL en CICs (Bonami *et al.*, 2005).

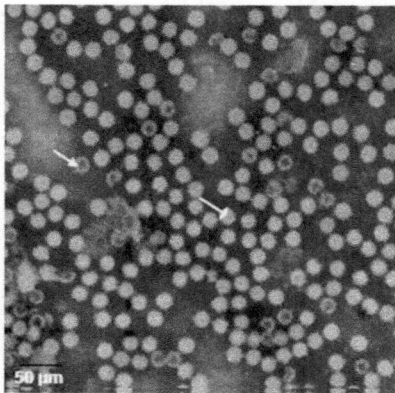

Fig. 8. Noter la structure icosaédrique des particules = ↑

et la présence de particules creuses= ↑

Par la suite, une deuxième particule virale de 15 nm de diamètre, également de type icosaédrique fut identifiée associé au MrNV dans les cas de WTD (Qian et al., 2003). Le génome du XSV est composé d'une chaîne linéaire unique d'ARN simple brin composée de 796 nucléotides et d'une chaîne courte de poly(A) (Sri Widada et Bonami 2004). La capside est formée de deux polypeptides de 16 et 17 kDa (Qian et al., 2003; Sri Widada et Bonami, 2004).

La relation entre ces deux virus reste encore mal connue. La présence simultanée de MrNV et XSV pose la question du rôle respectif de ces 2 virus dans l'apparition et la sévérité de la maladie, ainsi que dans le développement viral de chacun d'eux dans les cellules infectées (Qian et al., 2003; Sri Widada et Bonami, 200 ; Chappe-Bonnichon. 2006; Hernandez Herrera et al., 2007).

Le MrNV possède les gènes nécessaires à son développement, à savoir les gènes codant pour l'ARN polymérase ARN dépendante, ceux codant pour la CP43 (la capside) et vraisemblablement aussi une protéine régulatrice. Le XSV ne possède pas de gène codant pour une RNA-polymérase. Il a ainsi besoin d'un autre virus pour la réplication de son génome puisque cet enzyme ne peut pas être fourni par la cellule-hôte. De ce fait, le XSV est considéré comme un virus satellite (Sri Widada et Bonami, 2004). Il est à noter que la présence des deux virus n'est pas systématique chez les animaux atteints de WTD. L'un des deux virus peut être absent, à moins que cette absence ne soit due qu'à la limite de détection de la méthode de diagnostic utilisée (Zhang et al., 2006).

2.3.-L'hôte

Macrobrachium rosenbergii (de Man) (Fig. 9) mieux connue comme crevette géante d'eau douce, encore appelée chevrette en Guadeloupe ou cigale voyageuse au Vietnam, est l'espèce de Palaemonidae d'élevage la plus importante au niveau commercial (Wilder *et al.*, 1999; Sudhakaran *et al.*, 2006).

Fig. 9. - *Macrobrachium rosenbergii* (de Man).

La commercialisation du *M. rosenbergii* à grande échelle est effectuée dans de nombreux pays en Asie et aux Caraïbes. L'élevage et la production de ces crustacées d'eau douce constituent ainsi un facteur économique et nutritionnel très important surtout en Chine (Qian *et al.*, 2003), en Inde (Sahul Hamed *et al.*, 2004; Sudhakaran *et al.*, 2006) et à Taiwan (Wang *et al.*, 2007).

La reproduction de *M. rosenbergii* a lieu tout au long de l'année, avec deux pics, l'un au printemps et l'autre en automne. Les larves de *M. rosenbergii* se développent dans les estuaires puis se métamorphosent et remontent peu à peu les fleuves et rivières. Durant leur migration, les juvéniles sont souvent capturés pour stockage dans les bassins familiaux ou les rizières des paysans, ou bien pénètrent naturellement dans ces bassins grâce à l'action des marées (Wilder *et al.*, 1999).

En aquaculture, les mortalités dues aux deux virus incriminés (*Mr*NV et XSV) peuvent dans certains cas atteindre 100 % de la production en 2 ou 3 jours dans les écloseries ou les bassins de pré-grossissement (Qian *et al.*, 2003). Les pertes économiques ont été estimées à plusieurs millions de dollar surtout en Inde et en Chine.

Il est possible que *M. rossenbergii* soit l'hôte principal ou sinon l'espèce la plus sensible à l'infection par la WTD. C'est pour cette raison que la pathogénicité des deux particules virales (*Mr*Nv et XSV) et leur distribution au niveau des tissus chez des post-larves infectées naturellement (Arcier *et al.*, 1999; Sri Widada *et al.*, 2003) ont été étudiées et commencent à être connues.

Suite aux conséquences de la WTD en aquaculture, des recherches concernant l'infection par injection et *per os* chez *Penaeus indicus, P. japonicus* et *P. monodon* ont été développées (Sudhakaran *et al.*, 2006; Sudhakaran, 2006). Les résultats de ces études ont montré que ces espèces de crevettes ne sont pas susceptibles à la maladie ni par voie orale ni par voie intramusculaire. Les deux virus n'ont jamais été détectés par RT-PCR. Mais Sudhakaran *et al.* (2006) suggèrent que ces crevettes peuvent avoir un rôle de réservoirs de *Mr*Nv et de XSV. Chez ces espèces, la virulence semblerait atténuée dans leurs tissus.

2.4.-Distribution géographique de la maladie

La WTD est a été observée pour la première fois dans la région de Pointe Noire en Guadeloupe en 1994 et peu de temps après en Martinique (Arcier *et al.*, 1999). En 2003, Qian *et al.*, ont signalé en Chine la présence de la WTD dans des élevages de *M. rosenbergii*. Tung *et al.* (1999) ont observé la maladie à Taiwan et plus récemment elle a été décrite en Inde (Sahul Hameed *et al.*, 2004; Vijayan *et al.*, 2005 ; Shekhar *et al.*, 2006).

En 1999, un virus morphologiquement similaire au *Mr*Nv a été décrit à Taiwan et appelé MMV (*Macrobrachium* muscle virus) par Tung *et al.* (1999). Les symptômes de cette maladie sont très proches de ceux provoqués par la WTD. Wang *et al.*, (2007) mettent en évidence la présence des particules virales dans des animaux malades, observent leur ressemblance avec le MrNv et le XSV et émettent l'hypothèse de l'identité entre MMV et *Mr*Nv.

2.5.-Signes cliniques

Le principal signe clinique est le blanchiment des muscles de la queue. Il débute le plus souvent dans la partie dorsale de l'abdomen, continue vers l'avant et dans une étape finale tous les muscles de la larve sont complètement touchés. Les signes associés à la maladie sont aussi une léthargie et une anorexie (Arcier *et al.*, 1999).

2.6-Voies de transmission de la maladie

La WTD affecte surtout les post-post larves de *M. rosenbergii* et est la cause d'importantes mortalités chez ces animaux. La transmission de cette maladie peut être de type vertical (Sahul Hameed *et al.*, 2004). Des infections expérimentales avec les deux virus ont démontré que la voie verticale est le mécanisme principal pour la transmission. Dans des animaux infectés, les ovaires et des œufs fécondés soumis à l'analyse par RT-PCR ont été trouvés positifs aux *Mr*NV/XSV. Une mortalité de 100 % a été observée chez les post-larves issues de ces œufs (Sudhakaran *et al.*, 2007).

Comme *Artemia* sp. constitue un élément nutritionnel important en aquaculture des crustacés, il est envisageable que ce crustacé puisse servir de vecteur à cette maladie. Afin d'illustrer le rôle possible de ces animaux en tant que vecteur, ils ont été exposés aux *Mr*Nv et XSV par immersion et par voie orale. Les résultats montrent par RT-PCR la présence de ces virus. *Artemia* sp. pourrait jouer un rôle important de réservoir et de transmission dans la maladie (Sudhakaran *et al.*, 2006 ; 2007).

2.7.- Méthodes de diagnostic

Suite à l'apparition de la WTD, différentes méthodes de diagnostic ont été développées, notamment l'immuno-detection par S-ELISA (Romestand et Bonami, 2003), basée sur l'obtention d'anticorps polyclonaux produits chez des souris Balb/C. Un deuxième anticorps-anti souris marqué à la biotine est additionné, et la révélation de la réaction est faite en utilisant le conjugué Avidine-Peroxidase.

Cette méthode rapide, est relativement peu onéreuse et montre une haute spécificité. Son inconvénient majeur est lié à la quantité et la difficulté de production des anticorps poly-clonaux.

Plus récemment la TAS-ELISA qui met en jeu trois réactions antigène - anticorps a été développée en Chine pour la détection de MrNV (Qian *et al.*, 2006). Le diagnostic est fait à partir d'anticorps poly-clonaux (Rabbit polyclonal Ab anti-MrNv) pour faire la capture des antigènes viraux. Apres on ajoute, des anticorps monoclonaux (Mab-2B2 MrNv). Le test TAS ELISA est aussi une méthode sensible, rapide et relativement bon marché pour la détection du MrNv.

L'hybridation par dot blot a été développée à partir de clones du génome du MrNv et XSV (Sri Widada *et al.*, 2003). Cette méthode est facile à l'emploi et elle permet établir la présence du virus à partir de 8 pg d'ARN viral extrait d'échantillons.

L'hybridation *in situ* exige un savoir-faire particulier et quelques équipements. Cette technique est essentielle pour établir la localisation du virus dans les tissus.

Les sondes marquées à la Digoxygenine (DIG) ont été construites à partir des clones du génome viral. Le marquage correspondant à MrNV a été trouvé dans des tissus de l'abdomen, du céphalothorax et des appendices. Ce virus est observé dans le cytoplasme des cellules infectées. L'épithélium des branchies, l'hépatopancréas et l'épithélium digestif, n'ont pas montré de marquage positif. Pour les tissus musculaires des plages positives d'intensité variable et à localisation aléatoire sont détectées. Ce qui indique une répartition non homogène du MrNV et de la pathologie qu'il produit.

La RT-PCR simple ou double, et la MRT-PCR (Multiplex RT-PCR) permettant la détection simultanée des deux virus (Sri Widada *et al.*, 2003; Yoganandhan *et al.*, 2005 ; Tripathy S. *et al.*, 2006). La rapidité et sensibilité de cette technique peut permettre aux chercheurs d'approfondir les travaux sur l'interaction entre le virus et son hôte et dans les élevages la sélection des géniteurs.

Pour la PCR en temps réel, cette méthode a été utilisée pour la quantification du MrNv dans différents types de tissus pour établir le mécanisme d'infection de la WTD (Chappe-Bonnichon, 2006; Hernandez-Herrera *et al.*, 2007).

La RT-LAMP (RT-loop-mediated isothermal amplification) a été développée par Pillai *et al.* (2006). Cette dernière méthode de diagnostic est facile à l'emploi, car elle n'exige pas d'équipement important tel qu'un thermo-cycleur. Un bain marie est suffisant pour réaliser la détection.

On peut visuellement observer les résultats par l'apparition d'un précipité blanc dans les échantillons positifs, dû à la réaction avec du pyrophosphate de magnésium. Les analyses par l'électrophorèse sur le gel d'agarose et l'utilisation de bromure d'éthidium ne sont pas nécessaires. La RT-LAMP permet dans les meilleurs des cas d'augmenter la sensibilité de détection d'au moins un facteur 1.000 par rapport à la RT-PCR. Tous ces avantages rendent RT-LAMP fortement adaptée aux exigences pour son application aisée en aquaculture de terrain et de plus bien adaptée au diagnostic de la WTD.

2.8.-Cultures cellulaires / Développement viral dans les cellules en culture

Les cellules en culture constituent un outil appréciable pour l'étude du développement intracellulaire des pathogènes. Malheureusement, à l'heure actuelle, aucune lignée cellulaire de crustacé n'est disponible (Hernandez-Herrera *et al.*, 2007 ; Sudhakaran *et al.*, 2007). Pour cette raison, les premières études du développement des pathogènes impliqués dans la WTD ont été entreprises sur la lignée cellulaire de poisson SSN-1 (Hernandez Herrera *et al.*, 2007) du fait que ces cellules étaient capables de développer les Nodavirus de Téléostéens. D'autre part, Sudhakaran *et al.* ont développé l'infection sur la lignée de moustique C6/36. Les résultats préliminaires pour la lignée de poisson SSN-1, ont montré que *Mr*NV seul est capable d'infecter ces cellules et que les protéines de la capside ont été synthétisées ainsi que le génome viral. Cependant le développement viral (virogenèse) semble incomplet, aboutissant vraisemblablement à la formation de particules vides et aucune particule infectieuse n'a été observée.

Ces résultats, encourageants, permettront à l'avenir de rechercher et de déterminer les éléments et les facteurs nécessaires au développement intracellulaire complet à la fois du *Mr*NV et du XSV.

Chapitre III.

Matériel et Méthodes

1.-Crevettes hôtes: *Penaeus vannamei* (Bonne, 1931)

Les crevettes *P. vannamei* utilisées sont des animaux SPF (Specific Pathogen Free) au stade juvénile provenant de l'Université de Baja California Norte (Mexique). Les animaux ont été placés dans des bacs de 1000 litres d'eau de mer sous aération, filtration en circuit fermé et maintenue à 28°C.

Les animaux sont nourris quotidiennement par une ration alimentaire en granulés (Camaronina 40%, Purina, Mexico).

2.- Cultures cellulaires

Des cellules SSN1 (Frerichs *et al.*, 1996) du poisson *Channa striatus* (Channidae de l'ordre des Perciformes) ont été utilisées pour l'étude du développement du *Mr*NV *in vitro*. Ces cellules fibroblastiques ont déjà été testées lors d'infections expérimentales avec des nodavirus de poissons.

Le milieu de culture dans lequel sont maintenues les cellules SSN1 est le milieu de Leibowitz L-15 comprenant du Glutamax (Invitrogen, Cergy Pontoise, France) ainsi que 10% de sérum de veau fœtal (décomplémenté une seule fois à 56 °C pendant 30 min) et 1% d'antibiotiques-antimycotiques (Invitrogen, Cergy Pontoise, France) ajoutés au milieu.

Un ml de solution congelée contenant les cellules SSN1 stockées est décongelé au bain marie (Julabo Tw2, Germany) à 37°C en agitant le tube. Ensuite, les cellules sont transférées dans un tube Falcon de 15 mL avec 5 mL du milieu de culture et sont centrifugées à 1 000 t/mn pendant 3 minutes. Après la centrifugation, le surnageant contenant le milieu de culture est éliminé et, les cellules sont reprises dans 5 mL de milieu du culture frais.

Par la suite, la solution obtenue est déposée dans une boite de culture Falcon de 50 mL. Le tout est mis à incuber 7 jours à l'étuve (AT Laboservices, Vendargues, France) à 27 °C.

Une fois le tapis cellulaire formé, les boites sont repiquées. Pour la récupération des cellules, le milieu de culture est éliminé, et 1 mL de trypsine-EDTA (0,25% Trypsine, 0,38 g/L, EDTA 4 N) (Invitrogen, Cergy Pontoise, France) est ajouté. Après 5 minutes à température ambiante, les cellules sont décollées par pipetage à l'aide d'une pipette automatique (Pipetus, Hischmann Laborgerate, Germany). Les cellules sont ensuite déposées dans des boîtes de culture de 250 mL (Falcon) et 15 mL de milieu de culture frais sont ajoutés.

Pour l'infection, le même protocole de repiquage que le précédent est utilisé. Après cela, 30 mL de la solution contenant les cellules et le milieu de culture sont déposés dans des boites de culture à 6 puits (Nunc) (5 mL par puit). Enfin, les boites sont mises à incuber pendant 24 à 48 heures à 26 °C.

3.- Purification des virus

3.1- Purification du *White spot syndrome virus* (WSSV)

La purification du virus se fait à partir de broyats de tissu infecté par le WSSV. Après plusieurs clarifications de la suspension, le virus est séparé sur gradient de sucrose 20-40 %, puis concentré pendant 1 h à 130 000 g (SW 28 rotor, Beckman Coulter, Roissy, France) (Bonami *et al.*, 1990).

Toutes les étapes de purification sont effectuées dans du tampon TN (0,02 M Tris-HCl, 0,4 M NaCl, pH 7,4).

Les fractions obtenues sont prélevées à l'aide d'un auto-densiflow (Büchler, Labconco, Kansas City, MO, USA) et d'un collecteur de fractions (FC-203) (Gilson, Etats Unis), puis analysées en continu à une longueur d'onde de 254 nm avec un analyseur UV (ISCO-UA6, Nebraska, Etats-Unis).

Les fractions d'intérêt sont diluées dans du tampon TN, puis centrifugées à   100, 000 g pendant 45 min (rotor Beckman SW 28.1). Enfin le culot est dilué dans du tampon TN.

La présence du virus est contrôlée en microscopie électronique à transmission (MET). Une goutte de solution virale est déposée sur des grilles carbonées et collodionnées (300 mesh) et contrastées avec de l'acide phosphotungstisque à 2% (PTA) pH 7,0.

3.2.- Purification du *Mr*Nv

La purification du virus est obtenue à partir du broyage des larves de *Macrobrachium rosenbergii* infectées par une souche du *Mr*Nv provenant de République Dominicaine. L'extraction virale est effectuée selon Bonami *et al.* (2005).

D'abord les échantillons sont homogénéisés avec un mixeur de tissu ultra-Turrax T-25 (Janke and Kunkel, IKA Laboratory, Germany) dans du tampon TN. Cette suspension est clarifiée par deux centrifugations dans un rotor JS 13 - 1 (centrifugeuse Beckman J2-HS) pendant 15 mn à 1 400 g, puis pendant 20 mn à 10, 000 g.

Pour concentrer les virions, le surnageant final est centrifugé pendant 4 heures à 130 000 g sur le rotor T35 (ultracentrifugeuse Beckman L-70). Après cela, 2 extractions au Freon (1, 1, 2 trichloro-2, 2, 1 trifluoroethane) (Prolabo, Strasbourg, France) sont réalisées.

Puis la phase aqueuse est centrifugée pendant 2 heures à 160 000 g sur le rotor SW41 (L-70 Beckman). Le culot est suspendu dans le tampon TN et déposé sur un gradient 15 - 30 % de sucrose (P/P) (Sigma-Aldrich, Germany).

Le gradient est centrifugé 3 heures à 160 000 g sur le rotor SW31 (sans frein pour arrêter le rotor). Les fractions sont collectées avec le FC-203 et analysées en continu avec un moniteur UV ISCO UA6 à 254 nm de longueur d'onde. Toutes les étapes de purification sont conduites à 4 °C.

Les fractions intéressantes sont diluées dans le tampon TN et centrifugées pendant 2 heures à 300 000 g sur le rotor SW41. Le culot est repris dans le tampon TN et placé à -80°C jusqu'à utilisation.

La présence de particules, pour les 2 types de virus, est vérifiée par microscopie électronique après contraste négatif.

4.- Infections expérimentales

4.1.- Infections des crevettes

Une fois reçus, les animaux sont acclimatés pendant trois jours dans de l'eau de mer à 22°C. A la fin de cette période ils sont laissés 24 heures sans nourriture avant d'être infectés par le WSSV.

Pour l'infection, un total de 32 *P. vannamei* ont été utilisées (pour 4 périodes de temps différentes - 6, 24, 36 et 48 heures - à chaque fois, 4 individus ont été utilisés pour l'histologie et 4 pour la microscopie électronique). Les crevettes ont été nourries avec des tissus infectés par le WSSV à raison de 10 % de leur biomasse totale.

L'infection est réalisée en fournissant trois doses consécutives de matériel infectieux (morceaux de tissus avec WSSV) pendant 1 jour.

Les animaux sont ensuite maintenus sans nourriture jusqu'au jour suivant. A chaque nouvelle contamination, le matériel non ingéré est éliminé.
Pour la fixation et l'échantillonnage, les crevettes sont collectées 6, 24, 36, et 48 heures après l'infection. La sélection des animaux est faite de façon aléatoire.

4.2.- Infection des cellules *in vitro*

L'infection des cellules est réalisée dans deux plaques de 6 puits. Pour l'infection des cellules, l'inoculum est préparé avec 42 µL de virus purifié et 3,5 mL de milieu de culture. Le tout est filtré à 0,22 µm avant l'infection.

Vingt-quatre à 48h après la mise en culture, 500 µL d'inoculum de virus sont ajoutés dans les puits d'une seule plaque, l'autre servant de témoin négatif. Puis, les plaques sont mises à incuber 4h à 27°C avant de subir deux lavages successifs, avec 500 µL de milieu de culture.

Puis les cellules sont à nouveau mises à incuber 7 jours à 26°C avec 2 mL de milieu frais. Afin de vérifier l'évolution de l'infection, le surnageant de culture et les cellules sont récupérées 2, 4 et 7 jours après inoculation. Les cellules sont décollées des flacons par la solution trypsine-EDTA puis sont conservées à -80°C jusqu'à leur analyse.

5.- Microscopie

5.1.- Histologie et coloration

La technique de fixation utilisée est celle mise au point par Bell et Lightner (1988). Les tissus sont fixés dans le Davidson modifié (Pour 1 litre de solution: 349 mL de Formol, 407 mL d'ethanol 95°, 22 mL d'hydroxyde d'ammonium, 222 mL d'eau distillée) pendant 24 à 72 heures. (Hasson *et al.*, 1997).

Les tissus infectés (céphalothorax et système digestif) sont fixés dans le Davidson, pendant 24 à 72 heures. Puis ils sont déshydratés dans différents alcools (70°,80°,95° et 100°) et enfin traités au LMR-SOL (Labo-Moderne) avant d'être immergés dans de la paraffine. Tout le processus se déroule dans l'automate de déshydratation (Leica TP 1020).

Les coupes sont confectionnées entre 4 et 5 µm d'épaisseur avec un microtome Leitz (Leitz Wetlar, Germany). Elles sont montées sur des lames superfrost afin d'être colorées à l'hematoxilyne-eosine et, sur des lames polylysines pour l'hybridation *in situ* et la PCR *in situ*.

5.2.- Microscopie Electronique à transmission

Les pièces de tissus à étudier ont subi une double fixation au Glutaraldéhyde (Merck, Germany) à 2% et au Tetroxyde d'Osmium (Sigma-Adrich, Steinheim, Germany) à 1% dans un tampon Cacodylate 0,2 M additionné de 0,4 M de NaCl.

Les pièces déshydratées par des bains d'alcool éthylique et d'Oxyde de propylène sont incluses dans de la résine EPON (EMbed-812, Electron Microscopy Sciences, Washington, Etats Unis).
Les coupes sont réalisées sur un ultra microtome LKB (Sorvall, Connecticut, Etats-Unis), et sont contrastées à l'acétate d'uranyle alcoolique et au citrate de plomb selon la méthode de Reynolds (1963).

Des coupes semi-fines de 2-3 µm sont colorées avec le Bleu de Toluidine boraté (Labo-moderne) à 10 mg/L et sont observées en microscopie photonique. Les coupes ultrafines sont observées au microscope électronique Jeol 1200 EX2 120 kV (Tokyo, Japon).

6.- Immunodetection

6.1.-Immunofluorescence

Pour les analyses d'immunofluorescence, le protocole de détection est basé sur celui décrit par Li *et al.*, 1996. Pour le test d'immunofluorescence, des boîtes de culture de 24 puits et des lamelles de verre sont utilisés.

Avant les tests d'immunofluorescence et suite au développement de l'infection, les cellules présentes sur les lamelles en verre, dans les boîtes de culture, sont agitées puis fixées, par incubation 20 min à température ambiante, avec du PBS contenant 3% de formaldéhyde (Tampon phosphate salin pH 7,2).

Après fixation des cellules sur les lames, les cellules sont traitées avec du PBS 1 x contenant 3 % de Triton X-100 (Sigma-Aldrich). Ensuite, plusieurs lavages sont effectués avec du PBS. Juste après les lavages, les cellules sont mises à incuber avec une dilution au 1/1 000 d'anticorps primaire anti-*Mr*Nv de souris dans du PBS pendant une heure (Romestand et Bonami, 2003).

Après lavage au PBS, la détection se fait à l'aide d'une dilution à 1/200 d'immunoglobuline G (IgG) anti-souris préparée sur des souris BALB c, marquée à la fluorescéine. La lamelle est contrastée avec du bleu Evan 1/2000 (Sigma-Aldrich).

Après un double lavage de 10 mn avec du PBS, les lamelles sont observées en épi-fluorescence au microscope UV (Leica DMR, Wetzlar, Germany ; UV Lampe, EBQ 100-isolated, Leica).

6.2.- ELISA (Dosage immuno-enzymatique)

Afin d'étudier l'évolution des protéines virales présentes au cours de l'infection de cellules *in vitro*, nous avons utilisé la méthode ELISA (Enzyme Linked ImmunoSorbent Assay) qui permet de quantifier la présence du *Mr*Nv à partir de sa capside. La technique ELISA sandwich utilisée ici (Fig. 10) a été décrite par Romestand et Bonami en 2003.

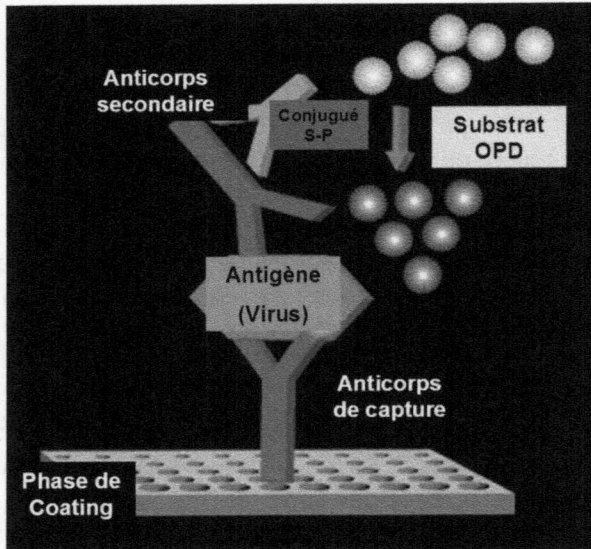

Fig. 10.- Dosage immunenzymatique d'un antigène par méthode sandwich-ELISA

Coating des puits. D'abord les anticorps marqués à la biotine sont dilués dans du PBS (dilutions: 100, 50, 25, 12,5, 6,25, 3,125 µg/µL). Les plaques de 96 puits (Nunc) sont incubées pendant la nuit à 4°C avec 50 µL d'IgG anti-MrNv de chaque dilution. Le lendemain, les anticorps non fixés sont éliminés par un lavage au PBS 1 x.

Les plaques sont ensuite mises à incuber 1 h à 37 °C avec 250 µL de PBS contenant 5 % de lait sans matières grasses (étape de sur-coating). La plaque est lavée une fois avec du PBS 1 x.

Réaction sandwich. Avant leur utilisation pour les tests ELISA, les cellules et les surnageants sont soniqués 5 min. Puis, 50 µL de milieu de culture ou d'extraits de cellules infectées sont ajoutés dans les puits.

Les plaques sont incubées 3 h à 37 °C et sont à nouveau lavées avec du PBS 1 x. Après cela, 50 µL d'anticorps anti-MrNv marqués à la biotine, sont ajoutés.

Détection et lecture. Après incubation pendant 2 heures à 37 °C les plaques sont lavées au PBS 1 x et 50 µL par puit du conjugué Streptavidine-peroxydase (Sigma-Aldrich), dilué à 1/7500 dans du PBS 1 x, sont ajoutés. Le tout est mis à incuber à 37 ° C pendant 2 heures.

A la fin, les plaques sont à nouveau lavées 3 fois avec du PBS 1 x et, 50 µL de substrat OPD (Orthophénylènediamine, 1,2 Phenylédiamine; un comprimé dilué dans 10 mL de PBS 1 x, Sigma-Aldrich) sont ajoutés aux puits. La plaque est mise à incuber 10 minutes à température ambiante et à l'obscurité.

Une fois le changement de coloration observé, au bout de 10 min, la réaction est arrêtée avec 50 µL de H_2SO_4 dilué au 4 N par puit.

La densité optique est mesurée à 492 nm à l'aide d'un lecteur de plaques ELISA (MR 5000; Dynatech Laboratoire; Paris, France).

51

7.-Techniques de Biologie Moléculaire

7.1.- Analyses électro phorétiques

Les résultats de PCR et RT-PCR sont visualisés sur gel d'agarose 1-2 % dans du tampon TBE (1 mM Tris, 1mM acide borique, 2 mM EDTA, pH 8,3) contenant du bromure d'ethidium (BET) (Sigma-Aldrich) à 0,5 µg/mL. Le BET émet une fluorescence sous lumière ultraviolette (UV) lorsqu'il est intercalé dans la structure nucléique.

10µL de chaque échantillon sont mélangés à 1 µL de tampon de charge contenant 0,25% de bleu de bromophénol (Sigma-Aldrich), 0,25% de xylène cyanol FF (Sigma-Aldrich), 15% de ficoll (Sigma-Aldrich) afin d'augmenter sa densité et de le colorer ce qui facilite le contrôle de la migration. Afin de comparer la taille du fragment amplifié avec celle attendue, un marqueur de taille de 100 à 1 000 pb (400 lignes, Smart ladder Small Fragment, Angers, France) ou de 200 à 10 000 pb (1 000 lignes Smart ladder, Eurogentec, Angers, France) est déposé sur le même gel pour la migration à 60-100 volts. Le résultat est visualisé en lumière UV et enregistré avec un appareil photo numérique muni d'un filtre orange.

7.2.- Gel d'agarose dénaturant

Afin de séparer les échantillons d'ARN selon leur taille, une dénaturation doit être réalisée afin d'éliminer les structure secondaires et tertiaires. Les ARN sont dénaturés par un traitement à 65 °C pendant 5 min dans du tampon de dénaturation (Mops) (Acide N-morpholino-3-propane sulfonique) (Sigma-Aldrich) pH 7,4.

Ces ARN dénaturés sont ensuite déposés avec du tampon de charge sur un gel d'agarose 1% contenant 1 % (v / v) de formamide (Qiagen, Courtaboeuf, France) préparé dans du tampon MOPS. La migration est réalisée dans du tampon MOPS à 100 V.

7.3 - Extraction des acides nucléiques

7.3.1.- ADN

L'extraction d'ADN est effectuée à l'aide du DNAzol (Invitrogen). Les tissus sont broyés dans le DNAzol à l'aide de petits pistons stériles adaptés aux tubes Eppendorf 1,5 mL. Une première centrifugation, 10 min à 10 000 g, permet d'éliminer une grande partie des débris cellulaires et de récupérer le surnageant contenant les ADN totaux. L'ADN est ensuite précipité par addition de 500 µL d'éthanol absolu froid.

Une deuxième centrifugation (10 min à 10 000 g) permet de concentrer l'ADN au culot. Ce culot d'ADN est ensuite lavé avec 500 µL d'éthanol 70% avant d'être séché à l'air et enfin repris dans 40 à 80 µL de tampon TE (10 mM tris–HCl, pH 8, 1 mM EDTA). Les échantillons sont conservés à -20°C jusqu'à analyse.

7.3.2.- ARN

L'extraction d'ARN est réalisée à l'aide du Trizol (Invitrogen). Les tissus sont broyés dans 1mL de Trizol à l'aide de pistons stériles RNAse free. Une purification/clarification est réalisée par centrifugation afin d'éliminer un maximum de déchets tissulaires avant l'extraction. 200 µL de chloroforme (Sigma-Aldrich) sont ajoutés et agités 15 s. à la main. Après 3-4 min à 4 °C, le tout est centrifugé 15 min à 12 000 g à 4°C.

La phase aqueuse, contenant les ARN, est récupérée puis 500 µL d'isopropanol froid sont ajoutés pour précipiter les ARN.

Après 10-20 min, ces derniers sont centrifugés (10 min à 10 000 g) afin de les culotter, puis lavés avec 500 µL d'éthanol (centrifugation 15 min à 12 000 g) et séchés. Ils sont repris dans 40-60 µL de tampon TE (Tris-HCl 10 mM pH 7,8, EDTA 0,5 mM). Les échantillons sont conservés à -80°C jusqu'à utilisation.

7.4.- Quantification des acides nucléiques

Pour la quantification des acides nucléiques le Nanodrop ND-1000 (Wilmintong, DE, USA) est utilisé.

Une goutte d'échantillon (1,5 µL) est déposée sur la surface de mesure. La mesure du spectre est alors réalisée et la quantification est basée sur le trajet optique de 1 mm.

8.-Amplification des Amorces

8.1 - La réaction en chaîne de la polymérase

L'amplification génique (PCR) permet d'amplifier *in vitro* une région spécifique d'un acide nucléique donné (ADN cible).

Pour arriver à la réplication d'un ADN double brin, il faut agir en trois étapes. D'abord dénaturer l'ADN cible pour obtenir des matrices simple brin. Ensuite, hybrider des amorces spécifiques. Enfin, réaliser la réaction de polymérisation du brin complémentaire. A la fin de chaque cycle, les produits sont sous forme d'ADN double brin.

Le mélange réactionnel est composé de 5 µL d'ADN, d'une solution tampon 1 X (Promega), d'un mélange de dNTP à 0,2 mM (Promega), des amorces sens et anti-sens à 1 µM chacune, 1,25 unités de go Taq DNA polymerase (Promega) et de l'eau stérile qsp 50 µL.

Chaque tube contenant le mélange réactionnel subit une amplification à l'aide du thermocycleur Thermo hybaid selon le programme suivant-:

Dénaturation : 95°C, 2 min

Puis 30 cycles :

    a. Dénaturation à 94°C, 30 secs

    b. Hybridation à 55°C, 30 secs

    c. Elongation à 72°C, 60 secs

Elongation finale à 72°C, pendant 10 min.

8.2.- RT-PCR

Pour la RT-PCR, le kit Promega Access RT-PCR system est utilisé. Pour préparer le mélange réactionnel d'AMV/Tfl, un tampon de réaction 5 x est ajouté suivi d'un mélange des dNTPs, des amorces sens et anti-sens, 25 mM de MgSO4, les enzymes AMV reverse trancriptase (0,1 U µL) et DNA polymerase (0,1 U µL).

Enfin sont ajoutés 150 ng/µL d'ARN cible, qsp 25 µL d'eau stérile. Les conditions du programme du RT-PCR sont les suivantes :
Transcription reverse 45 °C, 45 min
Inactivation de l'enzyme AMV 94 °C, 2 min
Dénaturation 94°C, 30 sec   ⎫
Hybridation 60°C, 30 sec   ⎬ 30 cycles
Extension 68 °C, 30 sec   ⎪
Extension finale 68 °C, 7 min ⎭

Les amorces utilisées pour la réaction de RT-PCR sont les suivantes :

AMORCES ARN 1	Séquence	Tm	Taille de l'amplicon
Sens *Mr*Nv	AGGATCCATAAG AACGTGG	55	211 pb
Anti-sens *Mr*Nv	CACGGTCACAAT CCTTGCG		

Pour la production d'ADNc de l'ARN du virus *Mr*Nv utilisé pour la PCR en temps réel, nous utilisons la M-MLV transcrptase (Moloney Murine Leukemia Virus Reverse Transcriptase) (Promega) et des hexaprimers (Promega) non spécifiques ce qui permet d'obtenir la totalité de l'ARN transcrit en ADNc.

Un aliquote d'ARN total (150 µg/mL) est incubé 5 min à 70 °C avec les hexaprimers (20 ng/µL) pour linéariser l'ARN. L'ensemble est placé 2 min dans la glace afin de stabiliser l'ARN linéarisé. La M-MLV transcriptase (8 U /µL) et son tampon (250 mM Tris-HCL, pH 8,3 à 25 °C), 375 mM KCI, 15 mM

MgCl$_2$, 50 mM DTT) ainsi que les DNTP's (0,2 mM) sont ajoutés au mélange pour 1 h d'incubation à 37 °C. La quantité d'ADNc obtenue est estimée par sa mesure au Nanodrop.

8.3.- PCR en temps réel

La quantification de la présence de *Mr*Nv dans les infections des cellules SSN-1 est réalisée par la PCR en temps réel grâce au système Ligthcycler (Roche).

Le Light-cycler est composé des 32 tubes capillaires en verre, d'une contenance de 20 µL, portés sur un "carrousel", tournant dans une chambre obscure de forme circulaire. Les paliers de température sont effectués par le biais d'un courant d'air chaud. L'appareil est capable d'élever ou de baisser sa température de chambre de 20°C par seconde.

A chaque cycle d'amplification, la quantité d'ADN total ou d'amplicon est mesurée grâce à un marqueur fluorescent « le sybr green ».

L'obtention de la cinétique complète de la réaction de polymérisation permet d'obtenir une quantification absolue de la quantité initiale d'ADN cible.

Pour la détermination du courbe étalon nous avons utilisé un fragment dérivé du *Mr*Nv RNA-1 cloné en pBluescript. Des dilutions en série du clone sont utilisées.

La concentration de chaque dilution du plasmide est déterminée par sa mesure au Nanodrop. Le nombre des copies est calculé par la formule suivante :

$$\frac{6x\ 10_{23}\ [copies/mol]\ x\ concentration\ [g/µL]}{Poids\ moléculaire\ [g/mol]}$$

Calcul du poids moléculaire du plasmide avec le fragment :
PM (daltons = g / mol) = taille en paire de bases x 660 daltons / paire de base

La mélange réactionnel pour la PCR en temps réel contient: 1 µL d' ADNc (10 ng), 6 µL de l'eau stérile, 0.5 µL de chaque amorce (cf RT-PCR) (25 µM) et 2 µL de réaction mix (Fast start Taq polymerase, dNTP mix, SYBR Green, 10 mM $MgCl2$ et 1 µL de solution dye).

Le protocole d'amplification est le suivant:
Activation de la Taq polymerase 95 °C 10 min

Dénaturation à 95°C, 15 secs ⎫
Hybridation à 60°C, 15 secs   ⎬ 40 cycles
Elongation à 72°C, 10 secs   ⎭

Les températures d'hybridation sont mesurées à 70 °C pendant 30 s et « gradual heating » à 95 °C 10 min.

Comme contrôle négatif, de l'eau stérile est utilisée à la place de l'ADNc dans chaque expérience.

Le nombre des copies d'ADNc viral de chaque échantillon est déterminé en utilisant la méthode du Fit-point qui consiste, après le cycle de PCR, une ligne de base et un seuil sont définis par l'utilisateur sur la courbe de fluorescence en fonction du cycle. Cela permet de déterminer le « crossing point » Cp de chaque échantillon. Grâce aux Cp des échantillons de concentrations connue on établit la courbe étalon.

La mesure du Cp des échantillons de concentration inconnue reportée sur la courbe standard permet de quantifier le nombre de copies de l'ADN cible initial.

Le processus de calcul de Cp, d'établissement de la courbe standard et le calcul du nombre de copie initial est réalisé grâce au logiciel du Lightcycler .

9.-Hybridation

9.1.- Préparation des sondes WSSV et marquage à la DIG par PCR

La préparation des sondes marquées à la Digoxygénine (ROCHE, Meylan, France) est faite par PCR. A partir de l'utilisation des amorces du WSSV (clone A68) et en rajoutant 1 µL de DIG labelling mix à 0.2 mM au lieu des DNTP's seuls.

Les amorces utilises sont:

Amorces (A68)	Séquences	Tm	Taille de l'amplicon
Sens WSSV	AGGTATAGTGGCTGTTGC	54	1128 pb
Anti-sens WSSV	CTGGAGAGGACAAGACAT		

Après la PCR, la qualité et la quantité obtenues de sonde est estimée par migration sur gel d'agarose à 1% avec un marqueur d'ADN quantitatif (Smart ladder, Eurogentec). L'intensité des différentes bandes du marqueur après migration correspond à une quantité donnée d'ADN de 20 à 1000 ng. Un µL de la sonde est mélangé à 8 µL d'eau et 2 µL de tampon de charge puis déposé sur un gel d'agarose à 1 % pour la migration. La comparaison d'intensité après migration permet d'estimer la concentration de la sonde.

9.2.- Hybridation en dot blot

Les échantillons testés sont des extraits d'ADN. Les échantillons sont dilués (1 :10, 1 :100 et 1 :1000), dénaturés (10 minutes à 100 °C), et refroidis dans la glace pendant 2 minutes pour empêcher la ré-hybridation rapide des brins d'ADN.

Ensuite, ils sont déposés sous forme de goutte (dot) de1 µL directement sur la membrane de Nylon (Boehringer Mannheim Biochemicals, Germany.).

Pour la fixation des échantillons, la membrane est exposée aux U.V. pendant 4 minutes ou dans une étuve à 80 °C pendant 1 heure.

Une pré-hybridation est réalisée avec une solution de blocage (5 x SSC, 0,1 % N-laurosylsarcosine, 0,2 % SDS et 1 % Blocking Reagent (Roche) pendant 30 min à 68 °C. Une fois le temps d'incubation passé la solution de pré-hybridation est retirée.

Pour l'hybridation, entre 10 et 25 ng/mL de sondes (préalablement dénaturées) sont déposées avec 1 mL de solution de pre-hybridation fraîche. La membrane est incubée toute la nuit à 68 °C.
La membrane est ensuite lavée 2 fois 5 min à température ambiante (2 x SSC, 0,1 % SDS) et 2 fois 15 min à 68 °C (0,1 x SSC, 0,1 % SDS) et finalement une fois 5 min avec du tampon I (1 M Tris-HCl, 1.5 M NaCl, pH 7,5). Puis elle est incubée pendant 30 min avec la solution de blocage.

Après élimination du tampon de blocage, l'anticorps anti-digoxigénine dilué en tampon II (dilution 1/5000) est ajouté. Le tout est mis à incuber pendant 45 min à 68 °C.

Enfin, deux lavages avec le tampon I sont réalisés pendant 15 min et un lavage avec le tampon III pendant 5 min (100 mM Tris-HCl, 100 mM NaCl, 50 mM $MgCl_2$ pH 9,5).

La réaction est mise en évidence par addition de 2 mL de la solution de développement (NBT, X-phospate et 1 mL du tampon III). La membrane est incubée à l'obscurité pendant 2 h.

La réaction est stoppée par un lavage au tampon IV (100 mM Tris-HCl, 100 mM EDTA, pH 8) pendant 15 min puis la membrane est séchée à température ambiante.

9.3.- Hybridation *in situ* à l'aide des sondes marquées à la DIG

Les coupes sont déparaffinées par chauffage à 65 °C pendant 45 min suivi de 3 bains de LMR. La ré-hydratation est réalisée par bains successifs d'éthanol pour finir dans l'eau distillée. La coupe est rincée 5 min dans du TNE, puis traitée par la protéinase K dans du tampon PBS (concentration finale de 100 µg/mL) et incubée 15 min à 37 °C dans une chambre humide (Omnislide *in Situ*, ThermoHybaid).

Les lames sont ensuite immergées pendant 5 min à température ambiante dans du formaldehyde à 4%. Elles sont ensuite lavées avec du tampon SSC 2 X (3 M NaCl, 0,3 M citrate de Na, pH 7).

Elles sont recouvertes de 500 µL du tampon d'hybridation (SSC 4 X, 50% de formamide, 5% de sulfate de dextran, 0,5 mg/mL d'ADN de sperme de saumon fraîchement dénaturé et de Denhardt's 1 X contenant 0,2 g/L de Ficoll 400, 0,2 g/L de polyvinylpyrrodoine, 0,02% de BSA) et mises à incuber pendant 30 min à 37 °C.

Les sondes (30-50 ng/mL) sont dénaturées à 95 - 100°C pendant 10 min, refroidies ensuite sur de la glace, puis mélangées à la solution d'hybridation et déposées sur la lame à 95 °C. La lame est ensuite mise dans une chambre humide à 37 °C toute une nuit.

Après hybridation, la coupe est lavée deux fois dans du SSC 2 X pendant 10 min, deux fois dans du SSC 1 X pendant 10 min à température ambiante; deux fois dans du SSC 0,5 X et deux fois dans du SSC 0,1 X pendant 15 min à 42°C.

Après avoir été équilibrée par le tampon I (100 mM de Tris-HCl, 150 mM de NaCl, pH 7,5) pendant 5 min, la coupe est incubée dans du tampon II (2% de sérum de mouton et 0,3 % de triton X 100 dans le tampon I) pendant 30 min à température ambiante et puis dans la solution d'anti-digoxygénine diluée (1/500) dans du tampon II pendant 45 min pour la détection de la Dig.

Ensuite, la lame est lavée deux fois dans du tampon I pendant 10 min pour enlever le surplus d'anticorps. Après avoir équilibré avec le tampon III (100 mM Tris-HCL, 100 mM NaCl, 50 mM MgCl2, pH 9,5) pendant 5 min, les substrats (NBT à 4,5 µL/mL et X-phosphate à 3,5 µ/mL) et du levamisole à 0,24 mg/mL dilués dans le tampon III sont ajoutés sur la lame incubée pendant 3 h en chambre humide à l'obscurité et à température ambiante.

La réaction est arrêtée par addition de Tampon IV pendant 5 minutes. La lame est contre-colorée par le Bismarck Brown 5% (5 g/l H_2O) pendant 5 minutes et déshydratée par une série de bains d'alcool à 75°, 95°, 100° pendant 5 minutes. La lame est ensuite immergée dans un bain de LMR sol et est enfin montée à l'histolaque.

9.4.- PCR *in situ*

Cette technique est la combinaison entre la PCR traditionnelle et l'hybridation *in situ*.

Les lames sont déparaffinées et hydratées puis sont déposées dans du PBS pendant 5-10 min.

Pour permettre la réaction de PCR sur les coupes, 500 µL de protéinase K sont déposés sur la lame incubée en chambre humide pendant 10-15 min à 37°C (protéinase K à une concentration de 10 µL/mL (à partir d'un stock de 10 mg/mL).

Les lames sont ensuite lavées avec du formaldéhyde à 0,4% pendant 10 min. puis incubées dans du tampon 2xSSC (température ambiante) pendant 5 min et enfin dans du tampon 1 x SSC (température ambiante) pendant 5 min.

La réaction d'amplification est préparée dans une solution tampon 1 X (Promega), d'un mélange de DIG Labelling mix (Roche) à 0,2 mM, avec des amorces sens et anti-sens du WSSV à 1 µM chacune, 1,25 unités de go Taq DNA polymerase (Promega) et de l'eau stérile.

Cette réaction se fait selon le protocole suivant :
Dénaturation : 94°C pendant 2 min
Amplification de 5 cycles :

Dénaturation à 94°C, 30 s
Hybridation à 55°C, 30 s   } 5 cycles
Elongation à 72°C, 60 s
Élongation finale à 72°C, 5-10 min

Les coupes sont soumises aux différents lavages identiques au protocole de l'hybridation in situ. Toutes les lames sont observées en microscopie photonique.

Chapitre IV.

La susceptibilité de la lignée de poisson SSN1 à MrNv

Les maladies émergentes, en particulier d'origine virale, constituent un problème de santé de plus en plus sérieux dans l'aquaculture des crevettes. Les conséquences de ces infections aboutissent à des pertes économiques importantes.

Les agents responsables des pathologies peuvent être détectés par des méthodes immunologiques telles que le séro-diagnostic. Les recherches *in vitro* employant les lignées cellulaires pour développer des micro-organismes pathogènes, constituent un outil alternatif pour leur détection et leur quantification.

Dans le cadre des maladies virales des crevettes, l'absence de lignée cellulaire de crustacés, homologues spécifiques et disponibles, a conduit à l'élaboration de méthodes alternatives de détection et de diagnostic. Cependant, le développement d'un système *in vitro* est indispensable pour étudier les propriétés de ces pathogènes aussi bien que des réactions anti-virales induites par son hôte, ce qui nous a amené à tester des lignées de poisson.

La maladie de la queue blanche (WTD) est la cause principale des mortalités en écloseries de *Macrobrachium rosenbergii* (de Man), dans les Caraïbes et le sud-est de l'Asie (Arcier *et al.*, 1999; Romestand et Bonami, 2003; Sri Widada *et al.*, 2003; Sri Widada et Bonami, 2004; Bonami et Sri Widada, 2008).

La lignée cellulaire SSN-1 a été déjà employée pour le développement des Nodavirus de poissons isolés du *Dicentrarchus labrax* (L.) ou d'*Hippoglossus hippoglossus* (L.) (Dannevig *et al.*, 2000 ; Buchan *et al.*, 2005).

Dans ce chapitre nous rapportons les résultats des essais sur la susceptibilité de la lignée cellulaire SSN-1 vis-à-vis d'une infection par virus de crustacé : nous avons testé le *Mr*Nv.

1.-L'effet cytopathogène (ECP) de *Mr*NV sur la culture cellulaire

Les cellules SSN-1 en culture montrent une morphologie fibroblastique, et constituent un tapis uniforme de cellules allongées (Fig. 11a). Après infection, les cellules deviennent réfringentes, arrondies et se détachent du substrat. Quatre jours p. i., la confluence des cellules décroît. Par la suite entre le 6iéme et 7iéme jour p. i., il n' y a plus de confluence, presque toutes les cellules sont isolées et de nombreux débris cellulaires flottent dans le milieu de culture.

2.-Detection par immunofluorescence

En immunofluorescence avec des anticorps polyclonaux anti-*Mr*Nv marqués à la fluorescéine (FITC), des points de fluorescence verte sont visibles dans le cytoplasme des cellules infectées (Fig.11 b).

Dès le premier jour, la réaction montre la présence de points fluorescents disséminés dans le cytoplasme. Ceci est la preuve de la pénétration des virus dans les cellules.

Avec le temps, la florescence augmente de jour en jour jusqu'à aboutir à un maximum de signal le sixième jour (fig. 11 d). Chez les témoins non infectées aucun signal n'est visible (fig. 11 a) (Chappe-Bonnichon V. 2006).

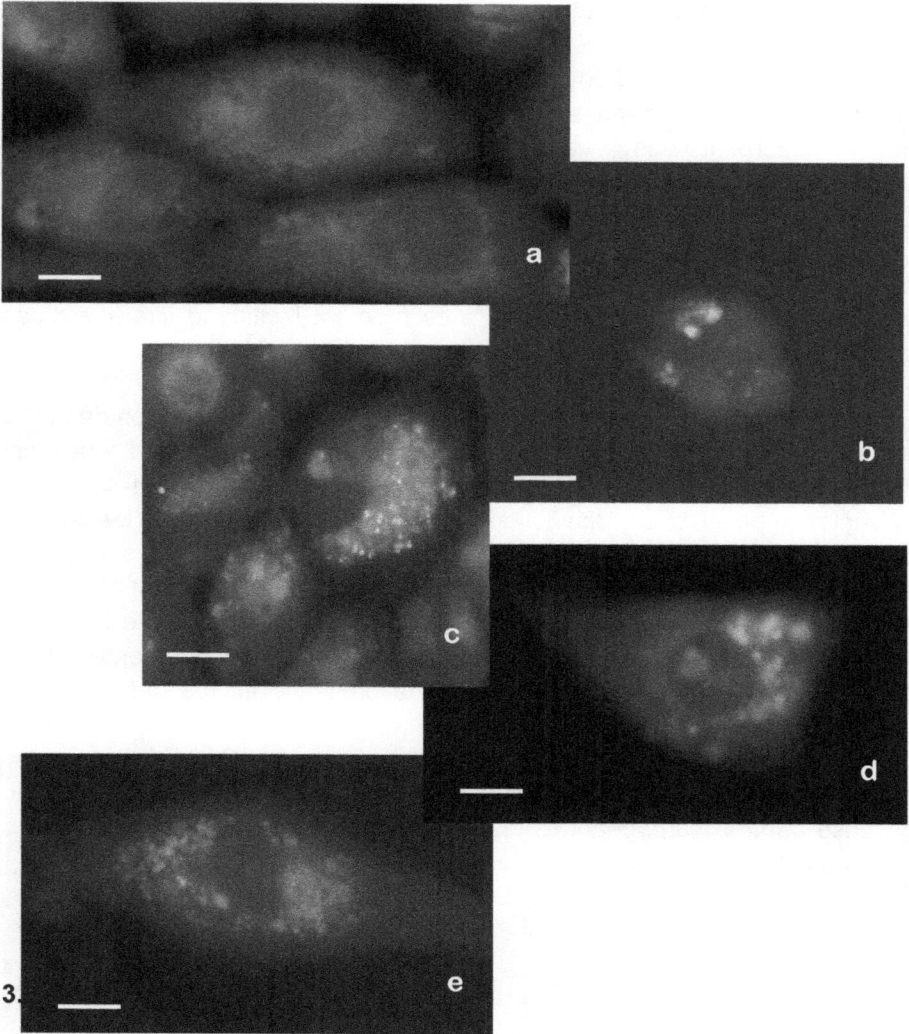

Fig. 11. – Culture de SSN- 1 observée en microscopie (coll. V. Chappe-Bonnichon) de fluorescence a différent temps après l'inoculation de MrNv (p. i.) **a** : Témoin: cellules non infectées. La barre est de 10 µm. **b** : Cellules fixées juste après l'infection. La barre est de 25 µm. **c, d, e** : Les cellules ont été fixées 2, 4, et 7 jours p. i., respectivement.
Les barres sont de 10 µm Notez la présence cytoplasmique de zones fluorescentes, lors de la détection de l'antigène.

3.-Evolution des protéines virales

Au cours de l'infection des cellules SSN-1, les protéines virales de la capside ont été détectées en utilisant la méthode ELISA (Enzyme Linked Immunoabsorbent Assay). La présence de l'antigène viral a été recherchée dans toutes les fractions cellulaires y compris dans les surnageants (Fig. 12 C).

Immédiatement, après l'inoculation (Jour 0) l'antigène viral est identifié seulement dans les cellules avec un enregistrement élevé de la D. O. (densité optique) (Fig. 12 B), mais à ce moment l'antigène viral n'est pas présent dans le surnageant.

A partir de deux jours p. i., nous avons observé une réduction de la DO dans la fraction cellulaire (presque de moitié), mais la protéine virale est désormais présente également dans le surnageant. Pendant les jours suivants, on observe une diminution progressive de la D. O. dans les cellules tandis qu'elle atteint une valeur maximum au jour 4 p.i dans le surnageant (Fig. 12 A). Cette valeur, plus élevée dans le surnageant, pourrait être liée à la mort cellulaire et à la libération de matériel viral dans le milieu de culture. À 7 jours p. i., la D. O. a diminué au niveau des cellules mais augmente encore au niveau du surnageant ce qui montre la présence accrue des protéines virales hors des cellules.

Pour les cellules non inoculées les valeurs de D. O. restent au niveau de base dans le surnageant et les cellules. Des réactions non spécifiques n'ont pas été détectées.

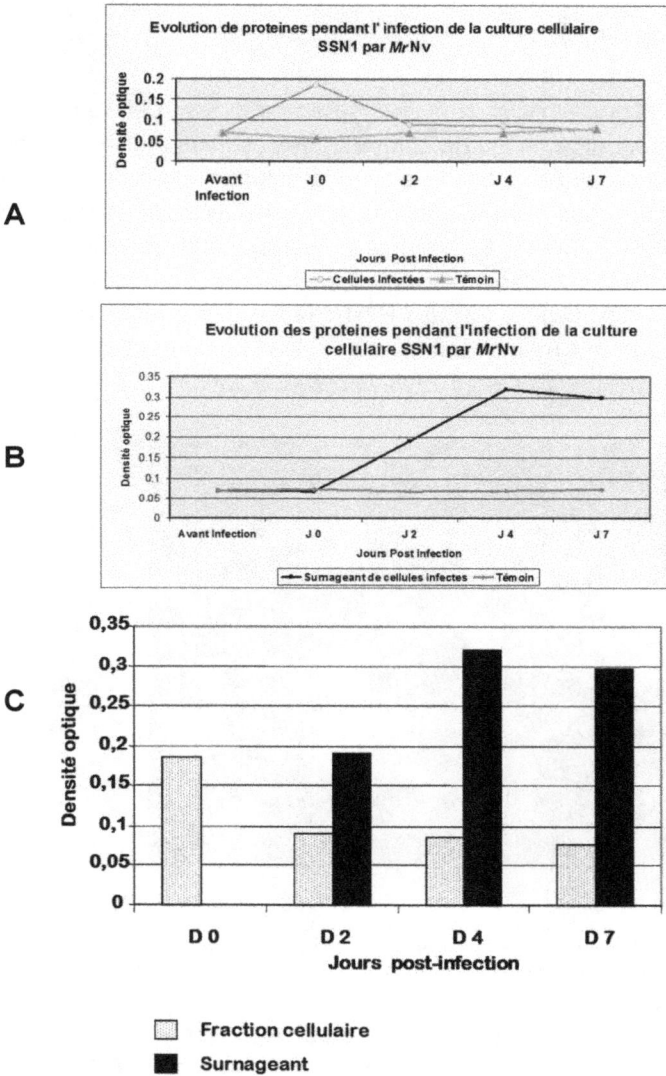

Fig. 12.- Evolution des protéines du *Mr*Nv, pendant l'infection de la lignée cellulaire SSN1. **(A)** Cellules infectées. **(B)** Surnageant des cellules infectées. **(C)** L'ensemble de la culture cellulaire.

4.-Evolution de l'ARN viral

Des extractions d'ARN ont été faites sur les cellules et sur le surnageant (contenant le milieu de culture, et les cellules mortes) de la lignée cellulaire. Dans les cellules inoculées avec la solution virale, le *Mr*NV RNA-1 a été détecté dans tous les échantillons (les cellules et le surnageant). Au jour 7 p. i., le *Mr*NV RNA-1 est détecté principalement dans le surnageant mais est aussi présent dans les cellules donnant un signal plus faible comparé au jour 4 p. i. (Fig. 13). La RT-PCR indique que l'acide nucléique viral était présent en même temps dans les fractions cellulaires et le surnageant de la culture plusieurs jours après inoculation.

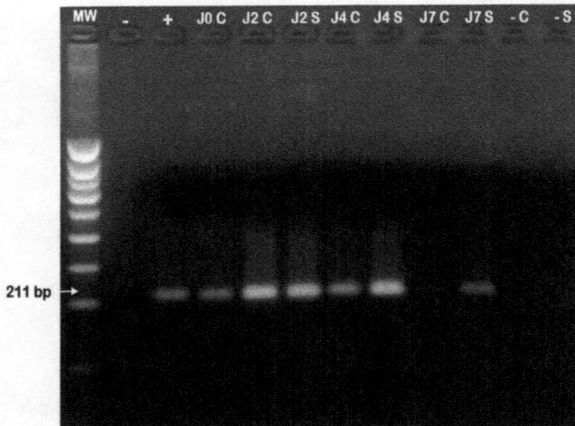

Fig. 13.- Détection du *Mr*Nv RNA-1 dans la culture cellulaire SNN-1 infecté par le *Mr*Nv par RT-PCR.
Témoin négatif (-), Témoin positif (+).
Extraction d'ARN dans les périodes de temps 0, 2, 4 et 7 jours (J) p. i.
Surnageant (-S) et cellules non infectées (-C)

La quantification du génome du *Mr*NV a été faite par qPCR, en utilisant le même ARN extrait à partir des cellules ou du surnageant utilisé pour la RT-PCR . Au premier jour, les résultats de qPCR ont montré la présence de 2×10^8 copies de RNA – 1 par μg d'ARN total dans la fraction cellulaire. Ceci permet de confirmer la pénétration du virus dans les cellules. Puis, entre ce jour et le jour 7, le nombre de copies RNA-1 a été divisé par 10 (de $2 \times$ de 10^8 copie à 2×10^7 copies) (Fig 14).

La quantification du RNA-1 dans le surnageant pendant l'infection suggère également la réplication virale. Après 2 jours p. i., la qPCR détecte 4×10^8 copies dans le surnageant, et qui atteint 8×10^9 copies après 4 jours p. i., et 10^{10} copies après 7 jours.

69

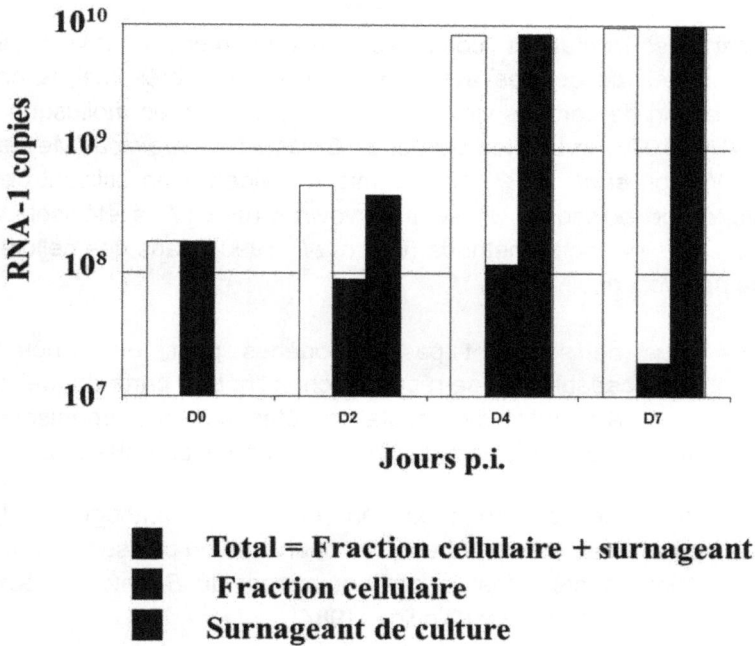

Fig. 14.- Quantification du *Mr*Nv RNA-1 par qPCR dans des cellules fixées,
Les cellules décollées, le surnageant et la culture totale de l'infection par *Mr*Nv
de la lignée cellulaire SSN-1. (Coll. V. Chappe-Bonnichon).

5.-Récupération des virions après infection

Après l'infection des cellules, on a entrepris d'extraire le virus. Des essais de purification de virus ont été réalisés sur des cellules SSN-1 après 7 jours. Les extraits viraux ont été observés en MET après coloration négative. Les particules que nous avons identifiées apparaissent vides. Un deuxième passage pour infecter des cellules saines avec les cellules précédemment infectées n'a pas abouti à une nouvelle infection.

6.-Discussion et conclusion

La plupart des tentatives conduites précédemment pour réaliser l'infection des lignées de cellules avec des virus d'invertébrés marins ont échoué, à l'exception de certains virus. Cet ainsi, que chez les mollusques, un Birnavirus (Hill, 1976) et un Reovirus chez *Crassostrea virginica* (Meyers et Hirai, 1980; Winton *et al.*, 1987) ont été mis en évidence en utilisant des lignées cellulaires de poissons. Un seul *Parvovirus* (IHHNV) a été isolé à partir des crustacées par cette méthode (Loh *et al.*, 1990), dans des cellules d' *Epithelioma papulosum*.

Mais ces virus ne semblent pas pathogènes pour leur « hôte » invertébré et ont été incapables de se répliquer chez l'hôte à partir duquel ils ont été isolés. En fait, la majorité des crustacés hôtes sont des organismes qui peuvent intervenir comme vecteurs de virus pathogènes de poissons.

Ces virus isolés ne sont donc pas en réalités des pathogènes de crustacés mais peuvent très bien en être isolés pourvu qu'on puisse leur offrir un système cellulaire adapté. C'est le cas notamment du *Birnavirus* décrit chez le crabe *Macropipus depurator* (Clotilde, 1984).

Dans le cas du *Mr*NV, c'est la première fois qu'un virus de crustacé a été capable de se développer au moins partiellement dans une lignée de cellules de poissons. Leur présence intra-cytoplasmique a été clairement démontrée par l'immuno-fluorescence identique à celle rapportée pour les mêmes cellules infectées par des Nodavirus de poissons. Les recherches sur la susceptibilité de la lignée des cellules SSN-1 aux virus de la famille de Beta-Nodavirus sont bien documentés (Iwamoto *et al.,* 1999; Dannevig *et al*, 2000; Ciulli *et al.*, 2006).

Même si l'augmentation du signal d'immuno-fluorescence de *Mr*NV dans le cytoplasme pendant les différentes périodes p.i. a été observé aucune particule virale mature et infectieuse n'a été isolée.

L'augmentation des antigènes viraux pendant la période d'infection a été démontrée par l'immunofluorescence et ELISA, suggérant une synthèse des protéines virales.

Les variations quantitatives d'ARN viral pendant l'infection, indiquent une réplication du génome viral. Cependant, la synthèse *de novo* des composants viraux peut ne pas avoir comme conséquence la formation des particules virales complètes et infectieuses.

Les observations par TEM ont montré que la plupart des particules obtenues étaient vides (peut-être exemptes de matériel génétique). Les essais de réinfection à partir de cellules montrant des ECP typiques, n'ont pas induit d'autres ECP ni de lyse cellulaire. Les néo-éléments viraux synthétisés semblent être non infectieux, soit qu'il n'y ait pas eu encapsidation, soit que les particules sont défectives. Cet événement pose la question sur le mécanisme précis de la virogénèse du *Mr*NV.

La lignée SSN-1 semble ne permettre que partiellement le développement du virus. Car l'absence des particules infectieuses de *Mr*NV peut résulter de diverses causes comme le manque d'éléments de régulation tels que le RNA-3 synthétisé pendant l'étape initiale de la virogénèse.

En définitive, la culture n'a montré seulement qu'une initiation de l'infection. Cette hypothèse est soutenue par le fait que la synthèse d'ARN est limitée à un facteur de multiplication de 10 à 50. Du fait, d'un seul cycle et de la production de particules incomplètes et non infectieuses.

Chapitre V

Relation entre le WSSV et le virus B2 de crabes

A la suite de la première description d'un virus chez les crabes faite par Vago (1966), plusieurs particules virales ont été décrites chez les crustacés décapodes. La plupart de ces virus sont apparentés à des groupes connus, mais certains ont été à la base de nouvelles familles (*Nimaviridae* et *Roniviridae*); par contre d'autres n'occupent pas de position taxonomique déterminée dans la classification.

En 1993, des virus ont été associés à un syndrome causant de grande mortalités chez les crevettes cultivées en Asie et la région Indo-Pacifique (Huang *et al.*, 1994; Inouye *et al.*, 1994; Takahashi *et al.*, 1994; Wang *et al.*, 1995; Wongteerasuypaya *et al.*, 1995; Durand *et al.*, 1997). Ces auteurs indiquent que les virus concernés appartiennent à la famille de *Baculoviridae* et à la sous famille des Baculovirus non inclus. Le syndrome a été nommé WSS et l'agent WSSV (White spot syndrome virus).

En 2001, ce virus a été étudié en détail et son génome totalement séquencé (van Hulten *et al.*, 2001; Yang *et al.*, 2001).Par ses caractéristiques particulières, jusqu'à présent il est le seul représentant du genre *Whispovirus* dans la nouvelle famille des Nimaviridae (Fauquet *et al*, 2005).

Les observations en microscopie électronique à transmission (MET) des coupes de tissus et de suspensions de virions, montrent que ces derniers sont enfermés dans une enveloppe lâche.
Leur nucléocapside semble composée d'un empilement de sous-unités annulaires (Wang *et al.*, 1995).

Pendant la morphogenèse dans le nucléoplasme, la capside se forme par polymérisation d'une structure cylindrique annulaire et d'une membrane synthétisée *de novo* (Inouye *et al.*, 1994).

Lors des recherches sur les maladies virales des crabes, des virus ressemblant aux Baculovirus ont été rapportés par Bazin *et al.*, (1974) chez *Carcinus maenas* (virus B) et puis chez *Carcinus mediterraneus* par Bonami (1980). Des descriptions semblables ont été faites par Mari (1987) chez

Carcinus mediterraneus (virus B2) et par Johnson (1976; 1983; 1984; 1988) chez *Callinectes sapidus* (Baculo-B).

Le virus observé par Bazin *et al.*, (1974) chez *Carcinus maenas* en Normandie près de Caen, a été retrouvé par Mari en (1987) et nommé virus « B » du nom de Bazin.

Mari en 1987 découvre un virus semblable dans l'hémolymphe d'un crabe, *C. mediterraneus* provenant du littoral Méditerranéen proche de Montpellier et le nomme « B2 » pour le distinguer de celui issu de *C. maenas*.

Aux Etats-Unis, Johnson (1976; 1983; 1988) observe des particules morphologiquement semblables chez *Callinectes sapidus* le crabe bleu, collecté dans la Baie de Chesapeake.

Tous ces virus montrent des caractéristiques communes: les tissus cibles, leur localisation nucléaire à l'intérieur des cellules, leur ultra-structure et les crustacés comme hôtes.

Le WSSV étudié ici présente ces caractéristiques et nous allons mettre en évidence les ressemblances entre le WSSV des crevettes et les virus B2 des crabes.

Des images en parallèle seront présentées pour souligner les similitudes morphologiques entre ces virus.

1.-Infection et cytopathologie du WSSV

Le baculovirus nommé B2 (Mari 1987), a été isolé chez *C. mediterraneus* naturellement infecté. Son nom "Baculovirus" est dû à ses caractéristiques en accord avec la sous-famille des Baculovirus non-inclu (*Nudibaculoviridae*) décrit dans la classification et la nomenclature des virus publiés dans le quatrième et cinquième rapports de l'ICTV (Matthews, 1982; Francki *et al.*, 1991). Sur des coupes ultra-fines, les hémocytes ont montré des noyaux hypertrophiés. En MET on observe des particules de type bacilliforme à différentes étapes de leur développement. Ce virus a été trouvé dans le sang circulant ou dans des hémocytes fixés et dans les cellules du tissu interstitiel (Durand *et al.*, 1996) comme pour le WSSV.

Les hémocytes infectés ne présentent aucune granulation spécifique mais ont un cytoplasme vacuolisé, contenant quelques mitochondries et un grand nombre de ribosomes libres.

L'hypertrophie des noyaux montre une localisation périphérique de la chromatine avec une disparition du nucléole. Pendant le développement de l'infection, la chromatine apparaît progressivement sous un aspect diffus. Des particules enveloppées en forme de bâtonnets sont dispersées dans le nucléoplasme qui se transforme en un réseau réticulé.

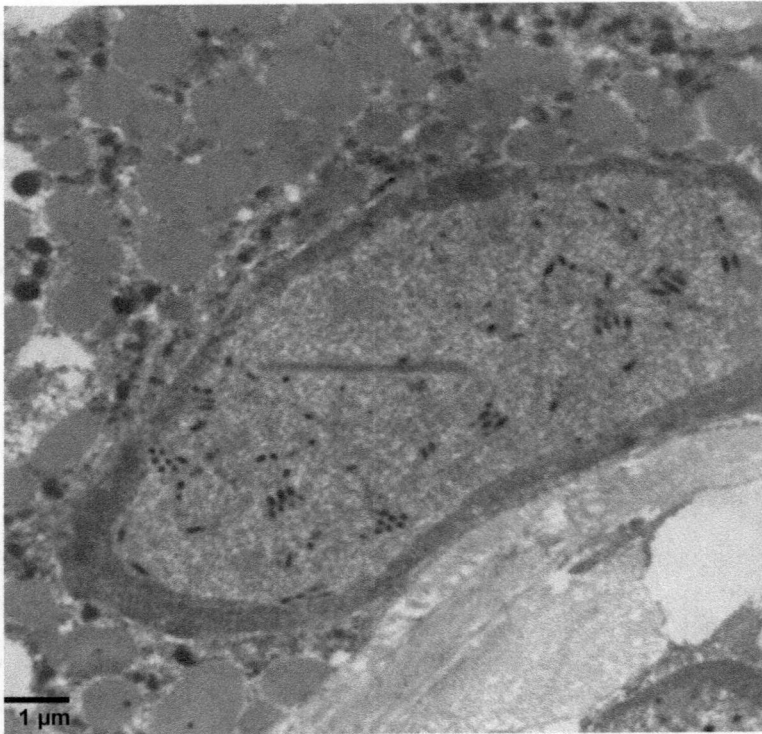

Fig. 15 (A) - Hémocyte de *P. vannamei* infecté par WSSV.

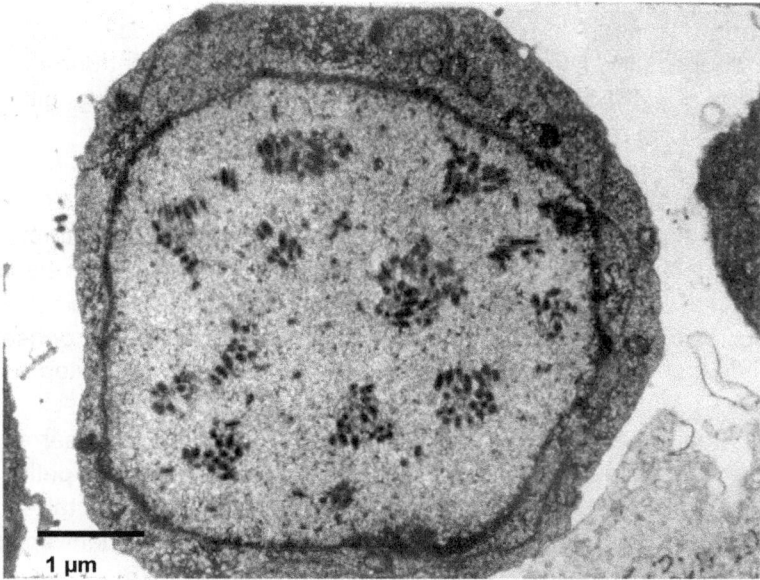

Fig. 15 (B).- Hémocyte de *C. maenas* Infecté par le virus B2.
Dans les deux cas: on observe la présence des agrégations ces particules virales dans le centre du noyau.

Autour des virions, plusieurs vésicules de taille variable ont été notées. La libération des virions précède la lyse cellulaire. On a observé beaucoup des hémocytes détruits dans le tissu interstitiel des différents organes. Les virions circulent librement dans l'hémolymphe et sont associés aux débris cellulaires.

2.-Ultrastructure du WSSV

Sur coupes ultra-fines des noyaux infectés, les virions ont une structure en bâtonnets (Fig.16) et mesurent entre 350 à 450 nm en coupe longitudinale et de 120 - 150 nm en section transversale.

Ces virions sont constitués par une nucléocapside opaque et contenus dans une enveloppe lâche, de 8 à 10 nm d'épaisseur, ayant une structure de membrane unitaire. La nucléocapside, fortement dense aux électrons, mesure de 280 à 320 nm de longueur et entre 70 à 80 nm de diamètre. Les nucléocapsides présentent à leur périphérie une zone moins dense aux électrons de 8 à 10 nm d'épaisseur, correspondant à la capside externe.

Une fois libéré dans l'hémolymphe, l'enveloppe enserre plus étroitement la capside, ce qui a pour résultat de donner une plus petite taille à la particule (240-380 x 90-110 nm), sans modification de la taille de la capside. Certaines de ces particules ont montré un prolongement apical de longueur variable en continuité avec l'enveloppe virale (Fig. 16).

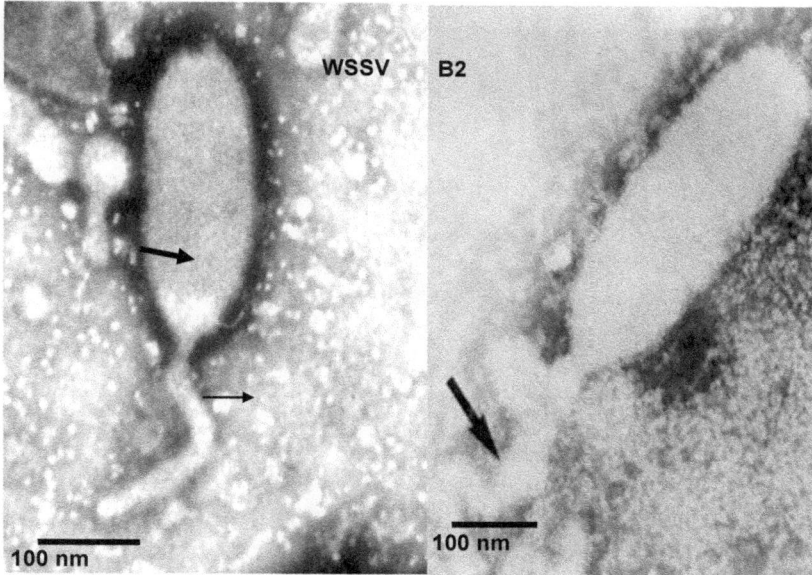

Fig. 16-.- Morphologie identique des virions WSS et B2: forme Ovoïde de l'enveloppe lâche et présence d'une structure caudale à une extrémité de la particule (APT 2%).

Par coloration négative, les virions enveloppés mesurent environ 350 nm de longueur et 120 nm de diamètre. Ces virions ne montrent aucun ornement particulier excepté le prolongement apical à une extrémité de la particule, semblable à celui décrit pour le WSSV. Ce prolongement est en continuité avec l'enveloppe. Il donne des dimensions variables aux particules observées. L'extrémité opposée est arrondie. Dans les particules partiellement dégradées, la nucléocapside apparait à l'intérieur de l'enveloppe et mesure entre 320-360 nm de long et 70-85 nm de diamètre.

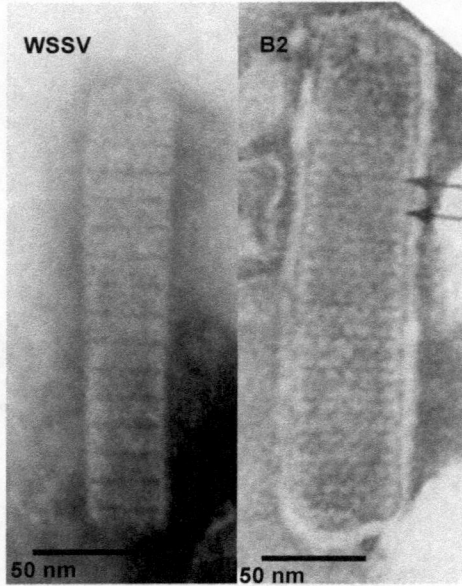

Fig. 17. Structure superficielle et ornementation des nucléocapsides identiques pour les 2 virus.

Ces particules montrent une segmentation superficielle avec une surface extérieure striée et une ornementation perpendiculaire à son grand axe. L'épaisseur des segments est 20-22 nm séparés par une épaisseur de 3 nm (Fig. 17). Ces segments semblent être au nombre de 14 au total (Mari, 1987). Mais pour le virus B de *C. maenas* 16 segments ont été comptés (Bonami, 1980) et 15 pour WSSV (Durand, 1997). Les nucléocapsides plus dégradées, ont perdu leurs organisations terminales et semblent tronquées aux 2 extrémités.

La structure de l'enveloppe et de son prolongement est constituée par 2 feuillets de 6 nm séparés par un espace de 4,5 nm. Cette architecture peut être rapprochée des observations des nucléocapsides de WSSV étudiées par MET après coloration négative.

79

3.-Premières étapes de l'infection par le virus B2

Sur la base des observations du virus B2 en MET on peut envisager des hypothèses sur les premières étapes de la pénétration de la nucléocapside dans la cellule et de l'ADN viral dans le noyau.

Sur certaines images (Fig. 18) on voit l'attachement du virus B2 par l'extrémité de son prolongement à la membrane plasmique des cellules en cours d'infection. Simultanément, des nucléocapsides non enveloppées sont observées dans le hyaloplasme cellulaire. Le prolongement membranaire de l'enveloppe virale semble fusionner avec la membrane plasmique de la cellule en cours d'infection, ceci doit permettre la pénétration de la nucléocapside.

Par la suite, les images montrent des nucléocapsides vides attachées à des pores de l'enveloppe nucléaire. Cela suggère qu'à ce niveau l'ADN viral est transféré à l'intérieur du noyau. Une situation similaire est décrite par Couch (1981; 1991) dans le cycle du BP (PdSNPV) (baculovirus de la crevette *Penaeus duorarum*).

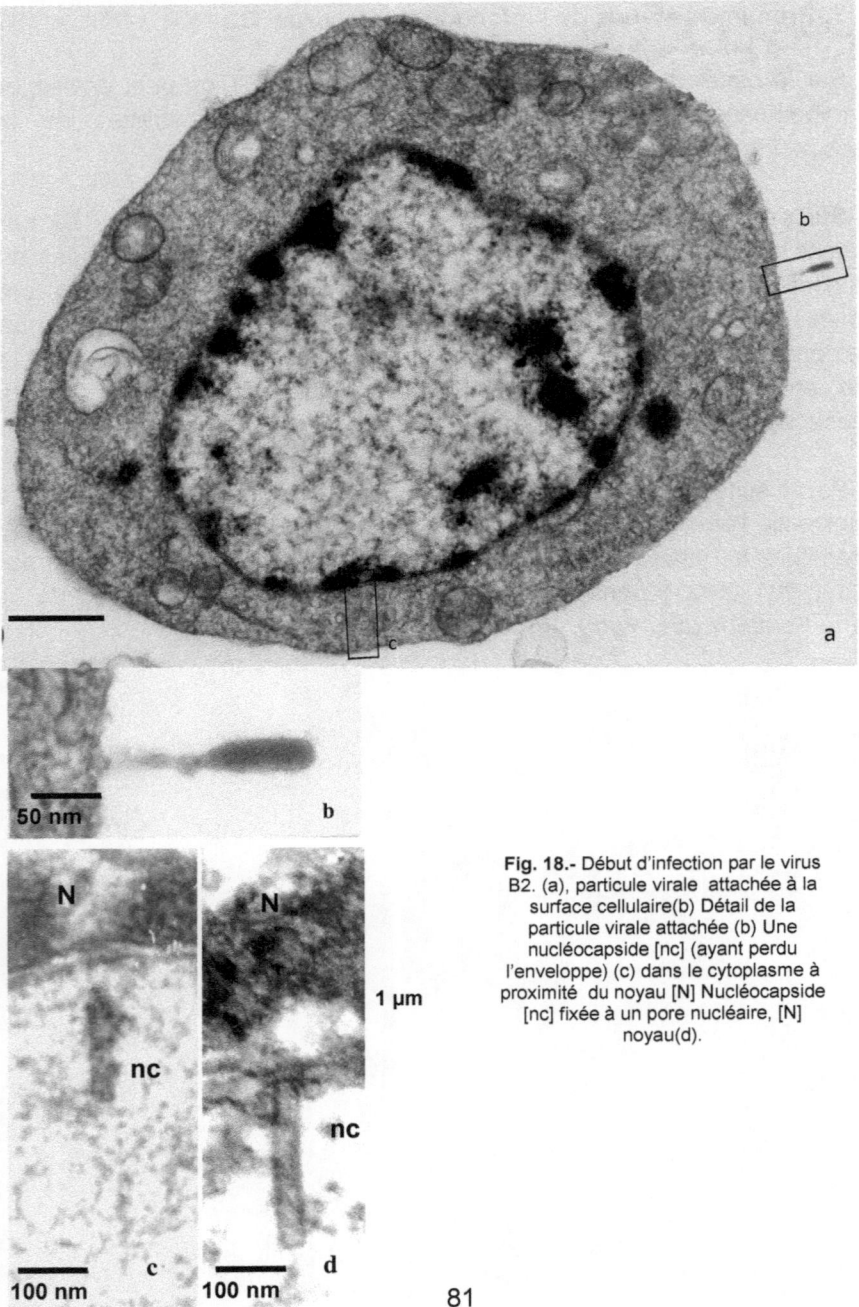

Fig. 18.- Début d'infection par le virus B2. (a), particule virale attachée à la surface cellulaire(b) Détail de la particule virale attachée (b) Une nucléocapside [nc] (ayant perdu l'enveloppe) (c) dans le cytoplasme à proximité du noyau [N] Nucléocapside [nc] fixée à un pore nucléaire, [N] noyau(d).

81

4.-La morphogenèse du virus B2

Les premiers signes de la réplication du virus B2 se manifestent par une margination de la chromatine et l'apparition de formations membraneuses dans le nucléoplasme.

Ces membranes formées *de novo* dans les noyaux infectés, mesurent 8-10 nm d'épaisseur et présentent une structure tripartite, selon l'angle de coupe elles constituent des digitations plus ou moins ouvertes.

La morphogenèse de la capside se réalise à l'ntérieur de ce dispositif membranaire.

Dans des sections transversales, ces digitations se présentent sous formes des vésicules fermées contenant chacune une capside vide, de 65-70 nm.

Ces structures membranaires restent ouvertes à une de leur extrémité, et la nucléocapside s'opacifie progressivement à partir de l'extrémité ouverte de l'enveloppe pour former des images de bâtonnets avec une partie centrale dense aux électrons.

Au stade suivant, la partie ouverte des digitations, se réduit et la nucléocapside est totalement formée et entourée d'une enveloppe lâche avec son prolongement antérieur. Sur coupes, on n'a jamais observé plusieurs nucléocapsides dans une même enveloppe, ni aucune nucléocapside nue. Dans les noyaux infectés la formation des capsides est toujours associée à la présence de membranes constituant des pré-enveloppes. Pendant ce processus, le contenu du noyau devient de plus en plus diffus avec l'apparition de filaments agrégés et ramifiés.

Cette morphogenèse ressemble très fortement à celle décrite pour le Baculo-B *de C. sapidus* (Johnson, 1983 ; 1984) et virus de B de *C. maenas* (Bazin *et al.*, 1974).

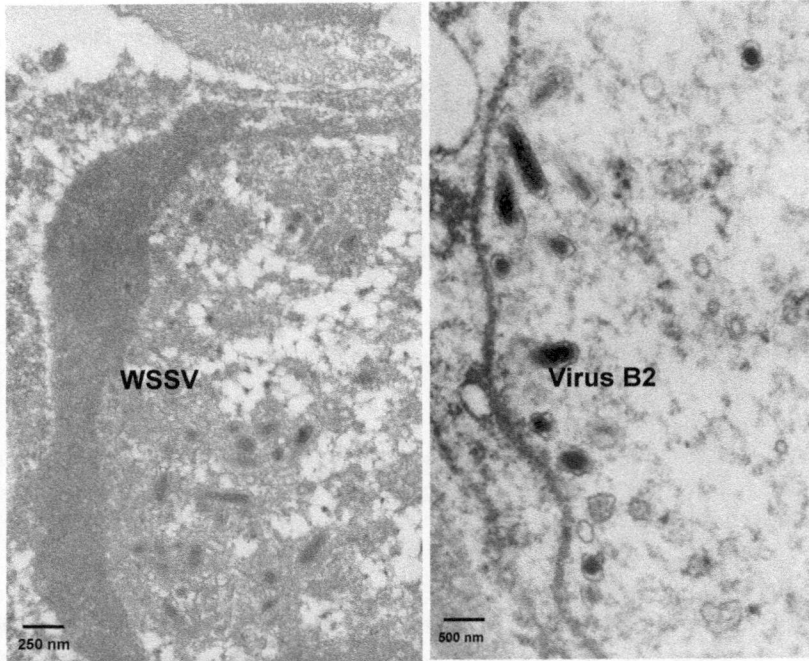

Fig. 19.- Morphogenèse des deux virus dans le noyau: présence de structures membranaires formes de novo à l'origine des enveloppes virales et précédents la formation des nucléocapsides.

5.-Hybridation par Dot blot entre le WSSV et le B2

Des sondes marquées à la Digoxygenine construites par Durand, (1997) et Shi, (2000), pour étudier l'infection du WSSV chez les crevettes Penaeides, ont été utilisées sur différents tissus de crabe (essentiellement des branchies et des hépatopancréas). Ces tissus proviennent de crabes expérimentalement infectés par l'injection avec des *inoculum* de *C. mediterraneus* naturellement infectés par le virus B2. Lors de leur prélèvement dans les années 80, les échantillons de tissus infectés ont été stockés et maintenus depuis à -20°C.

Malgré le temps certains ont donné des résultats positifs à l'hybridation (Tableau 5) ce qui confirme les similitudes entre le virus B2 et le WSSV.

Tableau 5.- Résultats de 17 échantillons congelés de *C. mediterraneus* infectés expérimentalement avec le virus B2. Sondes de WSSV marquées à la Dig appelées 6, 8, 68, 58, 73 et 722. Résultats négatifs: (-).Résultats positifs (+) signale faible, (+++) signale intense. Non détectée nd.

Sondes/ Echantillons	6	8	68	58	73	722
E8349	-	-	-	-	-	-
E8304	-	-	+	+++	+++	+++
E8305	-	-	-	+	+	?
E8306	-	-	-	nd	nd	nd
E8309	-	-	-	nd	nd	nd
E8314	-	-	-	nd	nd	nd
E8351	-	-	-	nd	nd	nd
E8358	+	+++	+++	-	+	-
E8364	-	-	-	nd	nd	nd
E8365	-	-	-	-	+	+
F8367	+	-	-	-	+	+
F8374	-	+	-	+	+	-
H8307	+	-	-	nd	nd	nd
H8308	-	-	-	nd	nd	nd
H8314	-	-	-	nd	nd	nd
O8306	+	-	+	nd	nd	nd
O8316	-	+	+++	nd	nd	nd

6.-Discussion et conclusion

Entre le virus B2 et le WSSV, existent de nombreuses similitudes au niveau morphologique, histologique et ultra-structural. Pour le virus B2 les cellules cibles sont constituées par les hémocytes et le tissu connectif, ce qui aboutit à une dégradation générale des tissus interstitiels dans l'hépatopancréas et les branchies.

Pour le WSSV, ayant fait l'objet de plus de recherches, la liste des tissus cibles et plus fournie incluant en particulier l'épithélium sous-cuticulaire.

Chez *C. mediterraneus* infecté par le virus B2, les hémocytes montrent des noyaux hypertrophiés contenant des particules virales enveloppées à différents stades de leur développement avec de nombreuses structures en bâtonnet.

Les deux membranes de l'enveloppe nucléaire sont disjointes et l'espace peri-nucléaire est important; seul les pores maintiennent la relation entre les deux membranes du noyau.

De telles observations ont été rapportées pour le virus B de *C. maenas* (Bazin *et al.*, 1974) et le Baculo-B de *C. sapidus* (Johnson, 1983).

Dans les noyaux infectés, les virions sont organisés en groupes parallèles visibles en MET en section transversale ou longitudinale. Ceci est identique aux observations réalisées pour les virus B et B2 et le WSSV.

Dans tous les cas, la capside présente une structure identique entourant un matériel dense aux électrons, de nature nucléoprotéinique, l'ensemble enfermé dans une enveloppe lâche tri-lamellaire.

En coloration négative (APT), les particules intactes sont plus ou moins ovoïdes ne montrant pas la structure de la nucléocapside qu'elle contient.

Par contre le prolongement membranaire souple de l'enveloppe est clairement visible et il est à l'origine du nom cette nouvelle famille : les Nimaviridae « Nim= fil » (Fauquet *et al.*, 2005).

Lorsque la membrane est déchirée la pénétration de l'acide phosphotunsgtique permet de retrouver la structure annelée de la nucléocapside parmi les fragments de membranes restants.

La structure générale de la nucléocapside observée selon son grand axe montre un empilement des segments annulaires terminé d'un côté par un bord plat et de l'autre un bord arrondi. Cette disposition est identique chez les virus B, B2 et WSSV. Seul le nombre de segments pourrait être variable.

Cependant les différences ne sont pas importantes et pourraient être le fait de dégradations plus ou moins prononcées. Il en est de même pour les différences de taille des particules virales.

En l'absence d'échantillons témoins, les variations de taille peuvent dépendre des divers moyens d'observations (calibrages des MET) et de l'état de dégradation des virus.

Parmi ces résultats basés sur la morphologie et l'hybridation par dot blot, c'est la réponse positive du virus B2 pour les sondes du WSSV qui nous parait significative pour mettre en évidence les relations entre les virus de crabes et les virus de crevettes.

Cependant, toutes les sondes utilisées n'ont pas induit de réponse positive. Ceci peut être interprété par une différence dans la quantité de virus présent dans les tissus infectés (infections faibles ou élevées) ou plus probablement par des différences dans les séquences homologues.

L'échec des tentatives d'amplification de l'ADN du virus B2 par PCR (résultats non publiés) semble aller dans le même sens.

Si ces résultats indiquent un certain degré d'homologie entre le virus B2 et le WSSV, les différences semblent suffisantes pour exprimer une divergence d'évolution de ces lignées virales. Différences confirmées par Corbel et al., (2001) lors de l'interprétation des infections expérimentales avec le WSSV sur les crabes.

Chez ces virus, les étapes principales de la virogènèse sont semblables, en particulier la formation de novo des enveloppes virales au sein du noyau, la formation des nucléocapsides, l'apparition de leur densification aux électrons, signe de la pénétration de l'ADN viral dans la capside, leur isolement dans l'enveloppe avec la formation du prolongement caractéristique.

Alors qu'on n'a jamais décrit la pénétration du WSSV dans les cellules, l'observation de l'infection par le virus B2 qui montre le rôle du prolongement caudal pourrait être considérée comme un modèle pour ce type de virus.

Ce prolongement de l'enveloppe rappelle plus la queue des bactériophages comme les Caudovirales que la morphologie de type spermatozoïde, qui suggère une motilité active des virions, proposée par Escobedo-Bonilla et al., (2008).

Conclusion générale

Le travail exposé dans ce mémoire s'intègre dans les préoccupations actuelles de la pathologie virale des crustacés, et en particulier des crevettes dont l'intérêt économique suscité par leur élevage constitue un puissant moteur de développement des recherches visant d'une part à augmenter leur production, et d'autre part à limiter les pertes dues à des facteurs biotiques comme les maladies.

Parmi les maladies virales graves entravant sérieusement la production, le WSSV focalise depuis une quinzaine d'année la plupart des recherches du fait de son haut pouvoir pathogène, sa facilité de transmission et des hôtes qui lui sont associés. Mais sa structure particulière a également incité au développement des recherches.

Comme nous l'avons montré dans les précédents chapitres les progrès des recherches ont été très nombreux. On citera la structure et la séquence de son génome (Yang *et al.*, 2001; van Hulten *et al.*, 2001), la reconnaissance des gènes de la plupart des protéines de structure de l'enveloppe (Tsai *et al.*, 2006) et de la nucléocapside et des protéines non structurales. Parallèlement à cette étude approfondie du virus, des travaux ont montré la nécessaire présence de certaines protéines pour maintenir l'infectiosité, des essais de vaccination ont eu lieu (Witteveldt *et al.*, 2004 ; Namikoshi *et al.*, 2004), et des traitements *per os* à partir d'antiviraux ont été réalisés (Yi *et al.*, 2003) avec succès, mais également des techniques d'actualité comme le RNA silencing (Sarathi *et al.*, 2008).

Toutefois, manquent des données sur les tout premiers stades et moments de l'infection à WSSV.

En effet, l'infection naturelle se développe à partir d'une contamination par voie buccale (*per os*) et se pose le problème du franchissement de la barrière intestinale limitée en particulier par la membrane basale à cet épithélium digestif. Di Leonardo *et al.*, 2005 ont montré par HIS chez *P. japonicus* une étape intestinale de l'infection, avant le passage des virions dans le milieu intérieur qui débute la phase systémique de l'infection. L'importance de cette barrière intestinale est corroborée par le fait que

87

certaines espèces de crevettes ne sont sensibles au WSSV que par injection, alors que la contamination *per os* est sans effet. Aussi notre thèse a porté sur cet aspect des premiers stades de développement viral.

Au cours de notre étude sur le développement précoce du virus du WSS chez les crevettes, nous avons été amenés à envisager l'utilisation de lignées cellulaires existantes du fait de résultats encourageants sur des premiers essais d'infection à l'aide d'un virus de crustacé: le *Mr*NV. Nous avons donc, dans le cadre de notre thèse collaboré à cette étude du développement du *Mr*NV, un Nodavirus, sur la lignée cellulaire de poissons SSN-1 en envisageant son utilisation dans le cadre de notre programme et ainsi étudier *in vitro* la virogénèse du WSSV. Bien que la mise au point de cette voie de recherche n'ait pas abouti, nous avons voulu intégrer nos résultats dans cette thèse du fait de l'intérêt que cette méthode a soulevé et de l'absence complète de tout autre moyen *in vitro* permettant une approche virologique plus classique.

Des essais similaires ont été réalisés en Inde (Sudhakaran *et al.*, 2007) en utilisant également le *Mr*NV, mais sur un support différent, une lignée cellulaire d'insecte (*Aedes albopictus*). Cette orientation souligne l'intérêt apporté au développement de cette technique par les pathologistes de crustacés.

L'infection par le *Mr*NV des cellules de la lignée SSN-1 conduit rapidement à un effet cytopathogène clair qui se traduit par un arrondissement des cellules, l'apparition de structures vacuolaires cytoplasmiques et leur décollement du support. En immunofluorescence le cytoplasme de la plupart des cellules renferme des masses arrondies, caractéristiques d'une infection virale.

Le contrôle par la microscopie électronique à transmission après contraste négatif montre la présence de particules de taille identique au *Mr*NV mais creuses, c'est à dire claires aux électrons. En parallèle, tous les essais de passage sur d'autres cellules saines n'ont jamais abouti, et nous avons donc considéré ces particules comme des virus défectifs.

En collaboration avec Valérie Chappe-Bonnichon (2006) nous avons analysé l'évolution de l'ARN viral et des protéines virales au cours de l'infection (Hernandez- Herrera *et al.*, 2007). Cette étude a été menée d'une part en RT-PCR quantitative et en ELISA double sandwich à partir d'anticorps de souris anti-MrNV. Les résultats ont montré une croissance parallèle de l'ARN viral et des protéines virales à partir du début de l'infection mais qui plafonne rapidement après un facteur de multiplication d'ordre 100.

Ces résultats d'analyse confirment donc nos résultats expérimentaux en ce sens qu'ils indiquent une synthèse d'ARN et de protéines, mais qui est limitée. Ceci nous permet d'émettre l'hypothèse qu'un seul cycle de développement viral s'effectuerait sur les cellules infectées dès la contamination, mais aboutirait à la formation de particules défectives et non infectieuses. De ce fait, dans la culture cellulaire même, il n'y aurait pas d'autre cycle viral et le passage de l'infection vers des cellules saines comme nous l'avons essayé, serait impossible.

Il serait intéressant de suivre l'évolution des composants viraux du MrNV sur les cellules de la lignée de moustique C6/36 (Sudahkaran et al., 2007) en utilisant les mêmes méthodes afin de comparer nos résultats. En effet, la sélection d'une lignée cellulaire de crustacée stable semble désormais indispensable pour étudier les cycles infectieux et comparer les différents virus pathogènes chez les crevettes.

Les infections expérimentales per os avec le WSSV chez P. vannamei ont permis de connaître les premiers stades du développement viral et les premières étapes de la pathologie chez la crevette. En particulier, l'apparition dans certains noyaux infectés de structures membranaires à l'intérieur même du nucléoplasme, puis la formation de structure de taille équivalente à des capsides mais claires aux électrons au niveau de structures membranaires ouvertes. La structure interne se densifie progressivement en formant la nucléocapside et la structure membranaire (enveloppe) se prolonge de part et d'autre de la nucléocapside, mais reste relativement lâche. Ces particules virales s'accumulent souvent en lignes parallèles donnant dans les noyaux observés en MET des zones de virions coupés transversalement et d'autres zones où ils sont disposés en coupes longitudinales parallèles.

Au cours de nos investigations, au demeurant comme tous nos collègues ayant travaillé sur ce sujet, nous n'avons jamais pu observer la pénétration d'un virus du WSS dans une cellule. Ayant été frappé par les similitudes morphologiques entre le WSSV et le virus B2 décrit chez C.

mediterraneus (Hernandez Herrera *et al.*, 2008) nous avons comparé ces deux virus d'abord morphologiquement, puis par hybridation. Il ressort une très importante similarité soulignant une parenté étroite.

Pour le virus B2, la pénétration au niveau cellulaire a pu être mise en évidence en MET, nous avançons donc l'hypothèse d'un même type de pénétration pour le WSSV: dans une première étape, il y aurait attachement de la particule à la membrane cellulaire par son prolongement de l'enveloppe (en forme de queue), puis introduction de la nucléocapside comme au travers d'une seringue dans le cytoplasme. A partir de ce moment le schéma est plus classique et d'ailleurs rapporté pour les baculovirus (Couch, 1991) : migration de la nucléocapside vers un pore nucléaire et introduction du génome viral (nucléoprotéine) dans le nucléoplasme. La première phase de l'infection (attachement de la particule à la membrane cellulaire) n'ayant été observée qu'une seule fois, on estime qu'elle doit être fugace.

Ce dernier point nous permet de revenir sur l'importance et la nécessité d'avoir à disposition des lignées cellulaires permettant d'étudier et d'analyser avec beaucoup plus de facilité ces premières étapes de l'infection virale. Il ne semble pas que l'utilisation de cellules hétérologues permette d'atteindre un potentiel d'utilisation comme des cellules homologues. Aussi, un des enjeux majeurs en pathologie virale des crustacés sera la mise au point de systèmes cellulaires homologues.

Bibliographie

1. ANIL T. M., SHANKAR K. M., MOHAN C. V. 2002. Monoclonal antibodies developed for sensitive detection and comparison of white spot syndrome virus isolates in India. *Diseases of Aquatic organisms.* **51**, 67-75.

2. ALDAY G. V. 1999. Diagnóstico de Enfermedades del Punto Blanco y Cabeza Amarilla. In: Green, B.W., Cliford, H.C., MacNamara, M. and Montaño, G.M., Editors, *V Central American Symposium on Aquaculture,* San Pedro Sula, Honduras, 116–118 pp.

3. ARCIER J. M., HERMAN F., LIGHTNER D. V., REDMAN R. M., MARI J., BONAMI J. R. 1999. A viral disease associated with mortalities in hatchery-reared postlarvae of the Giant freshwater prawn *Macrobrachium rosenbergii. Diseases of Aquatic Organisms.* **38**, 177-181.

4. BALASUBRAMANIAN G., SARATHI M., KUMAR S. R., SAHUL HAMEED, A. S. 2007. Screening the antiviral activity of Indian medicinal plants against white spot syndrome virus in shrimp. *Aquaculture.* **263**, 15-19.

5. BAZIN F., MONSARRAT P., BONAMI J. R., CROIZIER G., MEYNADIER, G., QUIOT J. M., VAGO C. 1974. Particules virales de type baculovirus observées chez le crabe *Carcinus maenas. Revue des Travaux de l'Institut des Pêches maritimes* **38**, 205-208.

6. BELL T. A. et LIGHTNER D. V. 1988. A handbook of normal *Penaeid* shrimp histology. Ed: *World Aquaculture Society.* 1- 60 pp.

7. BOYD C. E. 1999. Codes of practice for responsible shrimp farming. Global Aquaculture Alliance.St. Louis, MO. 1- 40 pp.

8. BONAMI J. R. 1980. Recherches sur les infections virales des crustacés marins: étude des maladies à étiologie simple et complexe chez les décapodes des côtes françaises. Thèse Doctorat d'Etat. Université des Sciences et Techniques du Languedoc, Montpellier. 152 pp.

9. BONAMI J. R., TRUMPER B., MARI J., BREHELIN M., LIGHTNER D. V. 1990. Purification and characterization of the infectious hypodermal and haematopoietic necrosis virus of penaeid shrimps. *Journal of General Virology.* **71**, 2657-2664.

10. BONAMI J. R., BRUCE L. D., POULOS B., MARI J., LIGHTNER D. V. 1995. Partial characterisation and cloning of the genome of PvSNPV (BP-type virus) pathogenic for *Penaeus vannamei. Diseases of Aquatic Organisms.* **23**, 59-66.

11. BONAMI J. R., HASSON K., MARI J., POULOS B. LIGHTNER D. 1997. Taura syndrome of marine penaeid shrimp: characterization of the viral agent. *Journal of General Virology* .**78**, 313-319.

12. BONAMI J. R., SHI Z., QIAN D., SRI WIDADA J. 2005. White tail disease of the giant freshwater prawn, *Macrobrachium rosenbergii*: separation of the associated virions and the characterization of MrNv as a new type of nodavirus. *Journal of Fish Diseases.* **28**, 23-31.

13. BONAMI J. R. et SRI WIDADA J. 2008. Viral Diseases of the Giant Fresh Water prawn *Macrobrachium rosenbergii. In preparation.*

14. BUCHAN A. H., MARTIN-ROBICHAUD D. J., BENFEY T., MACKINNON A. M., BOSTON L. 2005. The efficacy of ozonated seawater for surface disinfection of haddock (*Melanogrammus aeglefinus*) eggs against piscine nodavirus. *Aquacultural Engineering.* **35**, 102-107.

15.   CHANG P. S., LO C. F. WANG Y. C. KOU G. H. 1996. Identification of white spot syndrome associated baculovirus WSBV target organs in the shrimp *Penaeus monodon* by *in situ* hybridization. *Diseases of Aquatic organisms*. **7**, 131-139.

16.   CHANG P. S., LO C. F., WANG Y. C., KOU G. H. 1996. Identification of white spot syndrome virus associated of baculovirus (WSBV) target organ in the shrimp *Penaeus monodon* by *in situ* hybridization. *Diseases of Aquatic Organisms*. **27**, 131-139.

17.   CHANG P. S., CHEN H. C., WANG Y. C. 1998. Detection of white spot syndrome associated baculovirus in experimentally infected wild shrimp, crab and lobsters by *in situ* hybridization. *Aquaculture*. **164**, 322-242.

18.   CHAPPE-BONNICHON V. 2006. Infections virales chez les crevettes: interférence, inhibition plasmatique et modélisation *in vitro*. Thèse de Doctorat Université de Montpellier II. 154 pp.

19.   CHEN L. L., CHEN H. C., HUANG C. J., PENG S. E., CHEN Y. G., LIN S. J., CHEN W. Y., DAI C. F., YU H. T., WANG C. H., LO C. F., KOU G. H. 2002. Transcriptional analysis of the DNA polymerase gene of shrimp white spot syndrome virus (WSSV). *Virology*. **301**, 136 – 147.

20.   CHEN L. L., LEU J. H., HUANG C. J., CHOU C. M., CHEN S. M., WANG C. H., LO, C. F., KOU G. H. 2002. Identification of a nucleocapsid protein (VP35) gene of shrimp white spot syndrome virus and characterization of the motif important for targeting VP35 to the nuclei of transfected insect cells. *Virology*. **293**, 44-53.

21.   CHEN, Z. J., WANG, C. S., SHIH, H. H. 2002. An assay for quantification of white spot syndrome virus using a capture ELISA. *Journal of Fish Diseases*. **25**, 249-251.

22.   CLAYDON K., CULLEN B., OWENS L. 2004. OIE white spot syndrome virus PCR gives false-positive results in *Cherax quadricarinatus*. *Diseases of Aquatic Organisms*. **62**, 265-268.

23. CHOU H. Y., HUANG C. Y., WANG C. H., CHIANG H. C. LO C. F. 1995. Pathogenicity of a baculovirus infection causing white spot syndrome in cultured penaeid shrimp in Taiwan. *Diseases of Aquatic Organisms.* **23**, 165-173.

24. CORBEL V., ZUPRIZAL Z., SHI C., HUANG, SUMARTONO, ARCIER J. M., BONAMI J. R. 2001. Experimental infection of European crustaceans with white spot syndrome virus (WSSV). *Journal of Fish Diseases.* **24**,377- 382.

25. COUCH J. A. 1974. An enzootic nuclear polyhedrosis virus of pink shrimp: ultrastructure, prevalence and enhancement. *Journal of Invertebrate Pathology.* **24**, 311-331.

26. COUCH J.A. 1981. Viral diseases of Invertebrates other than Insects. In: E.W. Davidson, Editor, *Pathogenesis of Invertebrate Microbial Diseases*, Allanhead, Osmum Publ., Inc., and Totowa, NJ. 129–160 pp.

27. COUCH J. A. 1989. The membranous labyrinth in baculovirus-infected crustacean cells: possible roles in viral reproduction. **7**, 39-53.

28. COUCH J. A. 1991. Baculoviridae. Nuclear Polyhedrosis viruses. Part 2. Nuclear polyhedrosis viruses of invertebrates other than insects. In: "Atlas of invertebrate viruses", (J. R. Adams and J. R. Bonami, Eds.), CRC Press, Boca Raton, Fl, chap. **6**, 205-226.

29. CHOU H. Y. HUANG C., KOU G. H., DURAND S., LIGHTNER D. V. , REDMAN R. M., MARI J., BONAMI J. R. 1996. Application of genes probes as diagnostic tools for White Spot baculovirus (WSBV) of penaied shrimp. *Diseases of Aquatic organisms.* **27**, 56-66.

30. CIULLI S., GALLARDI D., SCAGLIARI A., BATTILANI M., HENDRICK R. P., PROSPERI S. 2006. Temperature-dependency of betanodavirus infection in SSN1 cell line. *Diseases of Aquatic Organisms.* **68**, 261–265.

31. CLOTILDE F. L. 1984. Recherches sur un Virus de *Macropipus depurator* Linné, Isolé à l'aide de Lignées Cellulaires de Poissons. Thèse

de Doctorat 3éme cycle, Université des Science et Technologies du Languedoc, Montpellier, France.

32. DANNEVIG B.H., NILSEN R., MODAHL I., JANKOWSKA M., TASKDAL T. PRESS C.M. 2000. Isolation in cell culture of nodavirus from farmed Atlantic halibut *Hippoglossus hipoglossus* in Norway. *Diseases of Aquatic Organisms*. **43**, 183–189.

33. DHAR A. K., ROUX M., KLIMPEL K. R. 2001. Detection and quantification of infectious hypodermal and hematopoietic necrosis virus in shrimp using real-time quantitative PCR and SYBR Green chemistry. *Journal of Clinical* Microbiology. 39, 2835-2845.

34. Di LEONARDO .A., BONNICHON V., ROCH P., PARRINELLO N., BONAMI J. R. 2005. Comparative WSSV infection routes in the shrimp genera *Marsopenaeus japonicus* and *Palaemon* sp.. *Journal of Fish Diseases*. 28, 565-569.

35. DUPUY J., W. BONAMI J. R., ROCH P. 2004. A synthetic antibacterial peptide from *Mytilus galloprovincialis* reduces mortality due to white spot syndrome virus in Palaemonid shrimp. *Journal of Fish Diseases*. 27, 57-64.

36. DURAND S., LIGTHNER D. V., NUNAN L. M., REDMAN R. M., MARI J. et BONAMI J. R. 1996. Application of gene probes as diagnostic tools for white spot baculovirus (WSBV) of penaeid shrimp. Diseases of Aquatic Organisms. 29, 205-211.

37. DURAND S., LIGHTNER D. V., REDMAN R. M., BONAMI J. R. 1997. Ultrastructure and Morphogenesis of white spot Syndrome baculovirus. Diseases of Aquatic organisms. 29, 205-211.

38. DURAND S. 1997. Etude d'une Baculovirose (WSS) des crevettes Penaeides: caractérisation et construction d'outils de diagnostic. Thèse Doctorat. Université de Montpellier II, Sciences et Techniques du Languedoc, 227 pp.

39. DURAND, S. V., TANG, K. F.J., LIGHTNER, D.V. 2000. Frozen Commodity Shrimp: Potential Avenue for Introduction of White Spot Syndrome Virus and Yellow Head Virus. *Journal of Aquatic Animal Health.* **12**, 128-135.

40. DURAND S. et LIGHTNER D.V. 2002. Quantitative real time PCR for the measurement of white spot syndrome virus in shrimp. *Journal of Fish Diseases.* 25, 381-389.

41. DURAND S. V., REDMAN R. M., MOHNEY L. L., TANG-NELSON, K., BONAMI, J. R. LIGHTNER, D. V. 2003. Qualitative and quantitative studies on the relative virus load of tails and heads of shrimp acutely infected with WSSV. *Aquaculture.* **216**(1-4):9-18.

42. ESCOBEDO-BONILLA C. M., ALDAY-SANZ V., WILLE, M., SORGELOOS P., PENSAERT M. B., NAUWYNCK H. J. 2008. A review on the morphology, molecular characterization, morphogenesis and pathogenesis of white spot syndrome virus. *Journal of Fish Diseases* **31**, 1-18.

43. FAO. 2006. International Principles for Responsible Shrimp Farming.1-18.

44. FAUQUET C. M., MAYO M. A., MANILOFF J., DESSELBERGER U., BALL L. A. 2005. Classification and Nomenclature of Viruses. Eight Report of the International Committee on Taxonomy of Viruses. Elsevier, Academic Press, 1259 pp.

45. FENNER F. J., GIBBS E. P. G., MURPHY F. A., ROTT R., STUDDERT M. J., WHLTE D. O.1993. Veterinary virology, 2nd edition. Academic Press Inc., San Diego, California. 670 p.

46. FRANCKI R. I. B., FAUQUET C. M., KNUDSON D. L., BROWN F. 1991. Classification and Nomenclature of Viruses. Fourth Report of the International Committee on Taxonomy of Viruses. *Archives of Virology* (Supplementum 2), 450p.

47. FRERICHS G. N., RODGER H. D., PERIC Z. 1996. Cell culture isolation of piscine neuropathy nodavirus from juvenile sea bass, *Dicentrarchus labrax. Journal of General Virology.* **77**, 2067–2071.

48. GALAVIZ SILVA L., MOLINA GARZA Z. J., ALCOCER GONZALEZ J. M., ROSALES ENCINAS J. L., IBARRA GAMEZ C. 2004. White Spot syndrome virus genetic variants detected in Mexico by a new multiplex PCR method. *Aquaculture.* **242**, 53-68.

49. HAN F., XU J. ZHANG X. 2007. Characterization of an early gene (wsv477) from white spot syndrome virus (WSSV). *Virus Genes.* **37**, 193-198.

50. HASSON K. W., LIGHTNER D. V, POULOS B.T., REDMAN R. ., WHITE B. L., BROCK J. A., BONAMI J. R. (1995) *Taura syndrome in Penaeus vannamei: demonstration of a viral etiology. Diseases of Aquatic Organisms.* **23**, 115-126

51. HERNANDEZ HERRERA R. I., CHAPPE BONNICHON V., ROCH P, SRI WIDADA J., BONAMI J. R. 2007.Partial susceptibility of the SSN-1 fish cell line to a crustacean virus: a defective replication study. *Journal of Fish Diseases.* **30**, 673-679.

52. HILL B. J. 1976. Properties of a virus isolated from the bivalve mollusk *Tellina tenuis* (Da Costa). In: Wildlife Diseases (ed. by L.A. Page). Plenum Press, New York, London. 445–452.

53. HOSSAIN M. S., CHAKRABORTY A., JOSEPH B., OTTA S. K., KARUNASAGAR I., KARUNASAGAR I. 2001. Detection of new hosts for white spot syndrome virus of shrimp using nested polymerase chain reaction. *Aquaculture.* **198**, (1-2): 1-11.

54. HOSSAIN, M. S., OTTA, S. K., CHAKRABORTY, A., KUMAR, H. S., KARUNASAGAR, I., KARUNASAGAR, I. 2004. Detection of WSSV in cultured shrimps, captured brooders, shrimp postlarvae and water samples in Bangladesh by PCR using different primers. *Aquaculture.* **237**, 59 – 71.

55. HUANG J., SONG X., YU L. J., YANG, C. H. 1994. Baculoviral hypodermal and hematopoietic necrosis pathology of the shrimp explosive epidemic disease. Yellow Sea Fishery Research Institute, Qingdao, China.

56. HUANG C. H., ZHANG L. R., ZHANG J. H., XIAO L. C., WU Q. J., CHEN D. H., LI, J. K. K. 2001. Purification and characterization of White Spot Syndrome Virus (WSSV) produced in an alternate host: crayfish, *Cambarus clarkii. Virus Research.* **76** (2): 115-125.

57. HUANG, C., ZHANG, X., LIN, Q., XU, X., HEW, C. L. 2002. Characterization of a novel envelope protein (VP281) of shrimp white spot syndrome virus by mass spectrometry. *Journal of General Virology.* **83**, 2385–2392.

58. HUANG, C., ZHANG, X., LIN, Q., XU, X., HU, Z., HEW, C. L. 2002. Proteomic analysis of shrimp white spot syndrome viral proteins and characterization of a novel envelope protein VP466. *Molecular Cell Proteomics* .**1**, 223–231.

59. HUANG R., XIE Y., ZHANG J., SHI, Z. 2005. A novel envelope protein involved in white spot syndrome virus infection. *Journal of General Virology.* **86,** 1357 –1361.

60. INOUYE K., MIWA S., OSEKO N., NAKANO H., KIMURA T., MOMOYAMA K., HIRAOKA M. 1994. Mass mortalities of cultured Kuruma shrimp *Penaeus japonicus* in Japan in 1993: electron microscopic evidences of the causative virus. *Fish Pathology.* **29**: 149-158.

61. INOUYE K., YAMANO K., K., IKEDA N., KIMURA T., NAKANO H., MOMOYAMA K., KOBAYASHI J., MIYAJIMA S. 1996. The penaied rod-shaped DNA virus (PRDV), which causes penaeid acute viremia. *Fish Pathology.* **31**, 39-45.

62. IWAMOTO T., MORI K., ARIMOTO M., NAKAI T. 1999. High permissivity of the cell line SSN-1. *Diseases of Aquatic Organisms.* **39**, 37–47.

63. JIRAVANICHPAISAL P., SÖDERHÄLL K., SÖDERHÄLL I. 2004. Effect of water temperature on the immune response and infectivity pattern of white spot syndrome virus (WSSV) in freshwater crayfish. *Fish and Shellfish Immunology.* **17**, 265-275.

64. JIANG G., YU R., ZHOU M. 2004. Modulatory effects of ammonia-N on the immune system of *Penaeus japonicus* to virulence of white spot syndrome virus. *Aquaculture.* 241, 61-75.

65. JIMENEZ R. 1992. *Sindrome de Taura (resumen)* Pagés 1-16 in: Aquacultura del Ecuador. Camara Nacional de Acuacultura, Guayaquil, Ecuador.

66. JOHNSON P.T. 1976. A baculovirus from the blue crab, *Callinectes sapidus*. Proc. I[st] International Colloquium on Invertebrate Pathology. Kingston, Ontario.

67. JOHNSON P. T. 1983. Diseases caused by viruses, rickettsiae, bacteria and fungi. In: "The biology of Crustacea. A. J. Provenzano (Ed.) Academic Press, New York **6**: 1-78

68. JOHNSON P. T. 1984. Viral Diseases of marine invertebrates. *Helgoländer Meeresuntersuchungen.* **37**, 65-98.

69. JOHNSON P. T. 1988. Rod-shaped nuclear viruses of the crustaceans: hemocyte- infecting species. *Diseases of Aquatic Organisms.* **5**: 111-122.

70. JORY D. E. et DIXON H. M. 1999 Shrimp white spot virus in the Western Hemisphere. *Aquaculture Magazine.* **25**, 83–91.

71. KALAGAYAN H., GODIN, D. KANNA, R. HAGINO, G. SWEENEY, J. WYBAN J., BROCK. J. 1991. IHHN virus as an etiological factor in runt-deformity syndrome of juvenile *Penaeus vannamei* cultured in Hawaii, *J. World Aquaculture. Society.* **22** (1991), pp. 235–243

72. KANCHANAPHUM   P.,   WONGTEERASUPAYA,   C., SITIDILOKRATANA,   N.,   BOONSAENG,   V.,   PANYIM,   S., TASSANAKAJON, A., WITHYACHUMNARNKUL, B. FLEGEL, T.W., 1998.

Experimental transmission of white spot syndrome virus (WSSV) from crabs to shrimp *Penaeus monodon. Diseases of Aquatic Organisms.* **34**, pp. 1–7.

73. KARUNASAGAR I., OTTA S. K. KARUNASAGAR I. 1997. Histopathological and bacteriological study of white spot syndrome of *Penaeus monodon* along the west Coast of India. *Aquaculture.* **153**, 9-13.

74. KASORNCHANDRA, J. BOONYARATPALIN S. ITAM. T. 1998. Detection of white-spot syndrome in cultured penaeid shrimp in Asia: microscopic observation and polymerase chain reaction. *Aquaculture.* **164,** 243–251.

75. KIATPATHOMCHAI W., BOONSAENG, V. TASSANAKAJON, A. WONGTEERASUPAYA, C. JITRAPAKDEE S., PANYIM, S. 2001. A non-stop, single-tube, semi-nested PCR technique for grading the severity of white spot syndrome virus infections in *Penaeus monodon, Diseases of Aquatic Organisms.* **47**, 235–239.

76. KIM, J. W., MARQUARDT, R. R., FROHLICH, A. A. BAIDOO, S. C.1996. The use of egg yolk antibodies (IgY) to counteract diarrheal diseases in piglets. *Proc.-South Dakota U. S. A. American Animal. Science.* **74**,195 pp.

77. KIM C. K., KIM P. K., SOHN S. G., SIM D. S., PARK M. A., HEO M. S., LEETH, LEE J. D., JUN H. K., JANG K. L.1998. Development of a polymerase chain reaction (PCR) procedure for the detection of baculovirus associated with white spot syndrome (WSBV) in penaeid shrimp. *Journal of Fish Diseases.* **21**, 11–17.

78. KIMURA T., YAMANO, K., NAKANO, H., MOMOYAMA, K., HIRAOKA, M. AND INOUYE, K., 1996. Detection of penaeid rod-shaped DNA virus (PRDV) by PCR. *Fish Pathology.* **31**, pp. 93–98 in Japanese

79. KONO T., SAVAN R., SAKAI M., ITAMI T. 2004. Detection of white spot syndrome virus in shrimp by loop-mediated isothermal amplification. *Journal of virological methods.* **115**, 59-65.

80.   KOU G. H., PENG S. E., CHIU Y. L., LO C. F. 1998. Tissue distribution of white spot syndrome virus (WSSV) in shrimp and crabs. *In Flegel* TW (ed) *Advances of shrimp biotechnology*. National Center for Genetic Engineering and Biotechnology, Bangkok.

81.   LAN Y., LU W. XU X. 2002. Genomic instability of prawn white spot bacilliform virus (WSBV) and its association to virus virulence. *Virus Research*. **90**, 269–274.

82.   LIANG Y., HUANG J., SONG X. L., ZHANG P. J., XU H. S. 2005. Four viral proteins of white spot syndrome virus (WSSV) that attach to shrimp cell membranes. *Diseases of Aquatic Organisms*. **66**, 81-85.

83.   LI Q., PAN D., ZHANG J., YANG F. 2004. Identification of the thymidylate synthase within the genome of white spot syndrome virus, *Journal of General Virology*. **85** 2035–2044.

84.   LI L., XIE X., YANG F. 2005. Identification and characterization of a prawn white spot syndrome virus gene that encodes an envelope protein VP 31. *Virology*. 340, 124-132.

85.   LIGHTNER D. V., REDMAN R. M., BELL T. A. 1983. Infectious hypodermal and hematopoietic necrosis, a newly recognized virus disease in penaeid shrimp. *Journal of Invertebrate Pathology*. **42**:62-70.

86.   LIGHTNER D. V., REDMAN R. M., HASSON K. W. AND PANTOJA C. R. 1995. Taura syndrome in *Penaeus vannamei* (Crustacea: Decapoda): gross signs, histopathology and ultrastructure. *Diseases of Aquatic Organisms*. **21**: 53-59

87.   LIGHTNER, D.V. 1996. Handbook of Pathology and Diagnostic Procedures for Diseases of Penaeid Shrimp. World Aquaculture Society, Baton Rouge, USA.

88.   LIGHTNER D. V., REDMAN R. M. NUNAN L. M. MOHNEY L. L. MARI J. L., POULOS B. T. 1997. Occurrence of WSSV, YHV, and TSV in Texas shrimps farms in 1995: Possible mechanisms for introduction. In: World

Aquaculture 97 Book of abstracts. World Aquaculture Society, Baton rouge, LA. 288.

89. LIGTHNER D. V., 1988. Vibrio disease of penaeid shrimp. Disease diagnosis and control in North American marine aquaculture. In: C.J. Sindermann, D.V. Lightner (Eds.), Developments in Aquaculture and Fisheries Science, New York, USA, pp. 42–47.

90.   LIGHTNER, D. V., HASSON, K. W., WHITE, B. L., REDMAN, R. M. 1998. Experimental infection of Western hemisphere penaeid shrimp with Asian white spot syndrome virus and Asian yellow head virus. *Aquatic Animal Health* 10:271-281.

91. LIGHTNER, D. V., et REDMAN, R. M. 1998. Shrimp diseases and current diagnostic methods. *Aquaculture.* **164**, 201-220.

92. LIU W. J., YU H. T., PENG S. E., CHANG Y. S., PIEN H. W., LIN C. J., HUANG C. J., TSAI M. F., HUANG C. J., WANG C. H., LIN J. Y., LO C. F., KOU G. H. 2001. Cloning characterization and phylogenetic analysis of a shrimp white spot syndrome virus encodes a protein kinase. *Virology.* **289**, 362-377.

93. LIU W. J., CHANG Y. S., WANG C. H., KOU G. H. et LO C. F. 2005. Microarray and RT-PCR screening for white spot syndrome virus immediate-early genes in cycloheximide-treated shrimp. *Virology* **334**, 327–341.

94. LIU X. et YANG F. 2005. Identification and function of a shrimp white spot syndrome virus (WSSV) gene that encodes a dUTPase. *Virus Research.* **110**, 21–30.

95. LO C. F., HO C. H., PENG S. E., CHEN C. H., HSU H. C., CHIU Y. L., CHANG C. F., LIU K. F., SU M. S., WANG C. H., KOU G. H. 1996. White spot syndrome baculovirus (WSBV) detected in cultured and captured shrimp, crabs and other arthropods. *Diseases of Aquatic organisms.* **27**, 215-225.

96. LOH P. C., Y. LU, J. A. BROCK. 1990. Growth of the penaeid shrimp virus infectious hypodermal and hematopoietic necrosis virus in a fish cell line. *Journal of Virological Methods.* **28**, 273–280.

97. LO C. F., HO C. H., CHEN C. H., LIU K. F., CHIU Y. L., YEH P. Y., PENG S. E., HSU H. E., LIU H. C., CHANG C. F., SU M. S., WANG C. H. et KOU G. H. 1997. Detection and tissue tropism of white spot syndrome baculovirus (WSBV) in captured brooders of *Penaeus monodon* with a special emphasis on reproductive organs. *Diseases of Aquatic Organisms.* **30**, 53–72.

98. LOU T., ZHANG X., SHAO Z., XU X. 2003. PM AV, a novel gene involved in virus resistance of shrimp *Penaeus monodon. FEBS Letters.* **551**, 53-57.

99. LO C. F., HO C. H., PENG S. E., CHEN C. H., HSU H. C., CHIU Y. L., CHANG C. F., LIU K. F., SU M. S., WANG C. H., KOU G. H. 1996. White spot syndrome baculovirus (WSBV) detected in cultured and captured shrimps, crabs and other arthropods. *Diseases Aquatic Organisms.* **27**, 215–225.

100. LO C. F., LEU J. H., CHENG C. H., PENG S. E., CHEN Y. T., CHOU C. M., YEH P. H., HUANG C. J., CHOU H. Y., WANG C. H., KOU G. H. 1996. Detection of baculovirus associated with white spot syndrome virus (WSBV) in penaeid shrimps using polymerase chain reaction. *Diseases of Aquatic Organisms.* **25**, 133-141.

101. LO C. F., CHANG Y. S., CHENG C. T., KOU G. H. 1998. PCR monitoring of cultured shrimp for white spot syndrome virus (WSSV) infection in growout ponds. In Flegel T.W. (ed) Advances in shrimp biotechnology. *National Center of Genetic Engineering and Biotechnology.* Bangkok.

102. LUO T., ZHANG X., SHAO Z., XU. 2003. PmAV, a novel gene involved in virus resistance of shrimp *Penaeus monodon. FEBS Letters.* **551**, 53-57.

103. LU L. Q. et KWANG J. 2004. Identification of a novel shrimp protein phosphatase and its association with latencey-related ORF427 of white spot syndrome virus. *FEBS Letter.* **577**, 141–146.

104. MALDONADO, V. M. 2003. Respuesta inmunitaria en familias de *Litopenaeus vannamei*, bajo condiciones de infección con WSSV y el efecto de la adición de β-1,3 glucanos. *Tesis de Magister en Ciencias.* Escuela Superior Politécnica del Litoral, Facultad de Ingeniería Marítima y Ciencias del Mar, Guayaquil, Ecuador. 122 pp.

105. MARI J. 1987. Recherches sur les maladies virales du crustacé décapode marin *Carcinus maenas* Czerniavski, 1884. Thèse Doctorat. Université de Montpellier II. Sciences et Techniques du Languedoc. 152 pp.

106. MARI J., POULOS B. T., LIGHTNER D. V., BONAMI J. R. 2002. Shrimp Taura syndrome virus: genomic characterization and similarity with members of the genus Cricket paralysis-like viruses. *Journal of General Virology.* **83**, 915-926

107. MARKS H., VORST O., VAN HOUWELINGEN A. M., VAN HULTEN M. C. et VLAK J. M. 2005. Gene-expression profiling of white spot syndrome virus *in vivo*. *The Journal of General Virology.* **86**, 2081–2100.

108. MATTHEWS R. E. F. 1982. Classification and Nomenclature of Viruses. Fourth Report of the International Committee on Taxonomy of Viruses. *Intervirology* .**12**, 160p.

109. MCVEY J. P. 1993. Handbook of Mariculture. 2nd edition, Vol. I,. Crustacean Aquaculture, ed. CRC Press, Boca Raton, Florida, 526.

110. MEYERS T. R. et HIRAI K. 1980.Morphology of a reo-like virus isolated from juvenile American oysters (*Crassotrea virginica*). *Journal of General Virology.* **46**, 249–253.

111. NAKANO H., KOUBE H., UMEZAWA S., MOMOYAMA K., HIRAOKA M., INOUYE K., OSEKO, N. 1994. Mass mortalities of cultured kuruma shrimp, *Penaeus japonicus*, in Japan 1993: Epizootiological survey and infection trails. *Fish Pathology.* **29**, 135–139.

112. NAMIKOSHI A., WU J. L., YAMASHITA T., NISHIZAWA T., NISHIOKA T., T., ARIMOTO M., MUROGA K. 2004. Vaccination trials with *Penaeus japonicus* to induce resistance to White Spot syndrome virus. *Aquaculture*. **229**, 25-35.

113. NUNAN L.M. et LIGTHNER, D. V., 1997. Development of a non-radioactive gene probe by PCR for detection of White Spot Syndrome Virus (WSSV). *Journal of Virological. Methods*. **63,** 193–201.

114. NUNAN, L. M., B. T. POULOS, D.V. LIGHTNER. 1998. The detection of White Spot Syndrome Virus (WSSV) and Yellow Head Virus (YHV) in imported commodity shrimp. *Aquaculture*. **160**, 19-30.

115. NUNAN, L. M., S. M. ARCE, R. J. STAHA, D. V. LIGHTNER. 2001. Prevalence of infectious Hypodermal and Hematopoietic Necrosis Virus (IHHNV) and white spot syndrome virus (WSSV) in *Litopenaeus vannamei* in the Pacific Ocean off the coast of Panama. *Journal of World Aquaculture Society*. **32**, 330-334.

116. OKUMURA T., NAGAI F., YAMAMOTO S., YAMANO K., OSEKO N., INOUYE K., OOMURA H., SAWADA H. 2004. Detection of White Spot Syndrome virus from stomach tissue homogenate of the kuruma shrimp (*Penaeus japonicus*) by reverse passive latex agglutination. *Journal of virological methods*. **119**, 11-16.

117. PARK J. H., LEE Y. S., LEE S., LEE Y. 1998. An infectious viral disease of penaeid shrimp newly found in Korea. *Diseases of Aquatic Organisms*. **47**, 13-23.

118. PILLAI D., BONAMI J. R., SRI WIDADA J. 2006. Rapid detection of *Macrobrachium rosenbergii* nodavirus (*Mr*NV) and extra small virus (XSV), the pathogenic agents of White Tail disease of *Macrobrachium rosenbergii* (De Man), by loop-mediated isothermal amplification. *Journal of Fish Diseases*. **29**, 275-283.

119. POULOS B. T., PANTOJA C. R., BRADLEY-DUNLOP D., AGUILAR J. et LIGHTNER D. V. 2001. Development and application of monoclonal

antibodies for the detection of white spot syndrome virus of penaeid shrimp. *Diseases of Aquatic Organisms.* **47**, 13–23.

120. QUERE R., COMMES T., MARTI J., BONAMI J. R., PIQUEMAL D. 2002.White Spot syndrome virus and infectious hypodermal and hematopoietic necrosis virus simultaneous diagnosis by miniarray system with colorimetry detection. *Journal of virological Methods.* **105**, 189-196.

121. QIAN D., SHI Z., ZHANG S., CAO Z., LIU W., LI L., XIE Y., CAMBOURNAC I., BONAMI J. R. 2003. Extra small virus-like particles (XSV) and nodavirus associated with whitish muscle disease in the giant freshwater prawn, *Macrobrachium rosenbergii. Journal of Fish Diseases.* **26**, 521-527.

122. QIAN D., LIU W., JIANXIANG W., YU L. 2006. Preparation of monoclonal antibody against *Macrobrachium rosenbergii* Nodavirus and application of TAS-ELISA for virus diagnosis in post – larvae hatcheries in east China during 2000-2004. *Aquaculture.* **261**, 1144-1150.

123. RAJENDRAN, K. V., VIJAYAN, K. K., SANTIAGO, T. C., KROL, R. M. 1999. Experimental host range and histopathology of white spot syndrome virus (WSSV) infection in shrimp, prawns, crabs and lobsters from India. *Journal of Fish Diseases.* **22** (3): 183-191.

124. RAJENDRAN, K. V., MUKHERJEE, S. C., VIJAYAN, K. K., JUNG, S. J., KIM, Y. J., OH, M. J. 2004. A comparative study of white spot syndrome virus infection in shrimp from India y Korea. *Journal of Invertebrate Pathology.* **84**, 173-176.

125. REYNOLDS R. C. 1963. Matrix corrections in trace element analysis by X-ray fluorescence: Estimation of the mass absorption coefficient by Compton scatteting. *American Mineralogist.* **4**, 1133-1143

126. RODRÍGUEZ, J., BAYOT, B., AMANO, Y., DE BLAS, I., ALDAY, V., CALDERÓN, J. 2003. White spot syndrome virus infection in cultured *Penaeus vannamei* (Boone) in Ecuador with emphasis on histopathology and ultrastructure. *Journal of Fish Diseases* .**26**, 439-450.

127. ROMESTAND B. et BONAMI J. R. 2003. A sandwich enzyme linked immunosorbent assay (S-ELISA) for detection of *Mr*NV in the giant freshwater prawn, *Macrobrachium rosenbergii* (de Man). *Journal of Fish Diseases.* **26**, 71-75.

128. ROSENBERRY, B. 1998. About shrimp farming. Shrimp News International. **11**, 1-270 San Diego California.

129. ROSENBERRY, B. 2001 World shrimp farming 2001. Shrimp News International, San Diego, California.

130. SAHUL HAMEED, A. S., ANILKUMAR, M., STEPHEN RAJ, M.L., KUNTHALA JAYARAMAN.1998. Studies on the pathogencity of systemic ectodermal and mesodermal baculovirus and its detection in shrimp by immunological methods. *Aquaculture.* **160**, 31-45.

131. SAHUL, HAMEED A. S., CHARLES, M. X., ANILKMAR, M. 2000. Tolerance of *Macrobrachium rosenbergii* to white spot syndrome virus. *Aquaculture.* **183,** 207-213.

132. SAHUL HAMEED A. S., YOGANANDHAN, K., SATHISH, S., RASHEED, M., MURUGAN, V., JAYARAMAN, K. 2001. White Spot Syndrome Virus (WSSV) in two species of freshwater crabs (*Paratelphusa hydrodomous* and *P. pulvinata*). *Aquaculture* 201: 179-186.

133. SAHUL HAMEED, A. S., BALASUBRAMANIAN, G., SYED MUSTHAQ S., YOGANANDHAN K. 2003 Experimental infection of twenty species of Indian marine crabs with white spot syndrome virus (WSSV) *Disease of Aquatic Organisms,* 57, 157-161.

134. SAHUL HAMEED A. S., YOGANANDHAN K., SRI WIDADA J., BONAMI J. R. 2004. Experimental transmission and tissue tropism of *Macrobrachium rosenbergii* nodavirus (*Mr*NV) and its associated extra small virus (XSV). **62**. 191-196.

135. SANCHEZ MARTINEZ J. G., AGUIRRE GUZMAN G., MEJIA RUIZ H. 2007. White Spot Syndrome Virus in cultured shrimp: A review. *Aquaculture Research*. 38, 1339-1354.

136. SARATHI. M., MARTIN C. SIMON, ISHAQ AHMED. V. P., RAJESH KUMAR. S., SAHUL HAMEED. A. S. 2008. Silencing VP28 gene of white spot syndrome virus of shrimp by bacterially expressed dsRNA. *Marine Biotechnology* .**10**, 198-206.

137. SHEKHAR M. S. et RAVICHANDRAN P. 2007. Comparison of white spot syndrome virus structural gene sequences from India with those at GenBank. *Aquaculture Research*. **38**, 321–324.

138. SHI Z. 2000. Etude d'un virus bacilliforme de crevettes Penaeides ("White Spot Syndrome virus", WSSV): clonage, analyse partiel du génome et outils de diagnostic. Thèse Doctorat. Université de Montpellier II, Sciences et Techniques du Languedoc.

139. SHI, Z., HUANG, C., ZHANG, J., CHEN, D., BONAMI, J.R. 2000. White spot syndrome virus (WSSV) experimental infection of the freshwater crayfish, *Cherax quadricarinatus*. *Journal of Fish Diseases*. **23**, 285-288.

140. SONNENHOLZNER, S., RODRÍGUEZ, J., PÉREZ, F., BETANCOURT, I., ECHEVERRÍA, F., CALDERÓN, J. 2002. Supervivencia y respuesta inmune de camarones juveniles *Litopenaeus vannamei*, desafiados por vía oral a WSSV a diferentes temperaturas. *El Mundo Acuícola*. **8**(1): 50-56.

141. SOON, L. T., LEE, K. L., SHARIFF, M., HASSON, M. D., OMAR, A. R. 2001. Quantitative analysis of an experimental white spot syndrome virus (WSSV) infection in *Penaeus monodon* (Fabricius) using competitive polymerase chain reaction. *Journal of Fish Diseases*. **24**, 315-323.

142. .SRI WIDADA J., DURAND S., CAMBOURNAC I., QIAN D., SHI Z., DEJONGHE E., RICHARD V., BONAMI J. R. 2003. Genome-based detection methods of *Macrobrachium rosenbergii* nodavirus, a pathogen of the giant freshwater prawn, *Macrobrachium rosenbergii*: dot blot, *in situ* hybridization and RT-PCR. *Journal of fish diseases*. **26**, 583-590.

143. SRI WIDADA J., BONAMI J. R. 2004. Characteristics of the monocistronic genome of extra small virus-like particle associated with Macrobrachium rosenbergii nodavirus: possible candidate for new species of satellite virus. *Journal of General Virology.* **85**, 643-646.

144. SUDHA P. M., MOHAN C. V., SHANKAR, K. M., HAGDE A. 1998. Relation between white spot syndrome virus infection and clinical manifestation in Indian cultured penaeid shrimp. *Aquaculture.* **167**, 95-101.

145. SUDHAKARAN R., SYED MUSTHAQ S., HARIBABU P., MUKHERWJEE S.C., GOPAL C., SAHUL HAMEED A. S. 2006. Experimental transmission of *Macrobrachium rosenbergii* nodavirus (MrNv) and Extra Small Virus (XSV) in three species of marine shrimp (*Penaeus indicus, Penaeus japonicus* and *Penaeus monodon*). *Aquaculture.* **257**, 136-141.

146. SUDHAKARAN R. 2006. Studies on White Tail Disease (WTD) caused by *Macrobrachium rosenbergii* Nodavirus (MrNv) and Extra Small Virus (XSV) in *Macrobrachium rosenbergii* (A Molecular Biology Approach). Thèse de Doctorat. Thiruvalluvar University. 148 pp.

147. SUDHAKARAN R., PARAMESWARAN V., SAHUL HAMEED A. S. 2007. *In vitro* replication of *Macrobrachium rosenbergii* nodavirus and extra small virus in C6/36 mosquito cell line. *Journal of Virological Methods.* **146**, 112-118.

148. SUDHAKARAN R., ISHAQ AHMED V. P., HARIBABU P., MUKHERJEE S. C., SRI WIDADA J., BONAMI J. R., SAHUL HAMEED A. S. 2007. Experimental vertical transmission of Macrobrachium rosenbergii nodavirus (MrNV) and extra small virus (XSV) from brooders to progeny in *Macrobrachium rosenbergii* and Artemia. *Journal of Fish Diseases.* **30**, 27-35.

149. SUPAMATAYA K., HOFFMANN R. W., BOONYARATPALIN S., KANCHANAPHUM P. 1998. Experimental transmission of white spot syndrome virus (WSSV) from black tiger shrimp *Penaeus monodon* to the

sand crab *Portunus pelagicus*, mud crab *Scylla serrata* and krill *Acetes* sp. *Diseases of Aquatic Organisms.* **32**, 79–85.

150. TAKAHASHI Y., ITAMI T., KONDO M., MAEDA M., FUJII R., TOMONAGA S., SUPAMATTAYA K., BOONYARATPALIN S. 1994 Electron microscope evidence of bacilliform virus infection in Kuruma Shrimp (*Penaeus japonicus*). *Fish Pathology.* **29,**121–125.

151. TAKAHASHI Y., ITAMI T., MAEDA M., SUZUKI N., KASORNCHANDRA J., SUPAMATTAYA K., KHONGPRADIT R., BOONYARATPALIN S., KONDO M., KAWAI K., KUSUDA R., HIRONO I., AOKI T.. 1996. Polymerase chain reaction (PCR) amplification of bacilliform virus (RV-PJ) DNA in *Penaeus japonicus* Bate and systemic ectodermal and mesodermal baculovirus (SEMBV) DNA in *Penaeus monodon* Fabricius, *J. Fish Diseases.* **19**, 399–403.

152. TAN, L. T., SOON, S., LEE, K. L., SHARIFF, M., HASSAN, M. D., OMAR, A. R. 2001. Quantitative analysis of an experimental white spot syndrome virus (WSSV) infection in *Penaeus monodon* Fabricius using competitive polymerase chain reaction. *Journal of Fish Diseases.* **24**, 315-323.

153. TANG K. et LIGHTNER D. V. 2000. Quantification of white spot syndrome virus DNA through a competitive polymerase chain reaction. *Aquaculture.* **189,**11-21.

154. TANG K. F. J., PANTOJA C. R., REDMAN R. M., LIGHTNER D. V. 2007 Development of *in situ* hybridization and RT-PCR assay for the detection of a nodavirus (*Pv*NV) that causes muscle necrosis in *Penaeus vannamei*. *Diseases of Aquatic Organisms.* **75**, 183-190.

155. TAPAY L. M. NADALA E. C. J., LOH P. C. 1999. A polymerase chain reaction protocol for detection of various geographical isolates of WSSV. *Journal of virological methods.* **82**, 39-43.

156. THAKUR P. C., CORSIN F., TURNBULL J. F., SHANKAR K. M., HAO N. V., PADIYAR P. A., MADHUSUDHAN M., MORGAN K. L., MOHAN C. V. 2002. Estimation of prevalence of white spot syndrome virus (WSSV) by

polymerase chain reaction in *Penaeus monodon* postlarvae at time of stocking in shrimp farms of Karnataka, India: a population-based study. *Diseases of Aquatic Organisms.* **49**, 235–243.

157. TRIPATHY S., SAHOO P. K., KUMARI J. MISHRA B. K., SARANGI N. AYYAPPAN S. 2006. Multiplex RT-PCR detection and sequence comparison of viruses MrNV and XSVAssociated with white tail disease in *Macrobrachium rosenbergii* . *Aquaculture.* **258**, 134-139.

158. TSAI, M. F., YU, H. T., TZENG, H. F., LEU, J. H., CHOU, C. M., HUANG, C. J., WANG, C. H., LIN, J. Y., KOU, G. H., LO, C. F. 2000. Identification and characterization of a shrimp white spot syndrome virus (WSSV) gene that encodes a novel chimeric polypeptide of a cellular-type thydimine kinase and thymidylate kinase. *Virology.* **277**, 100–110.

159. TSAI M. F., LO C. F., VAN HULTEN M. C. TZENG H. F. CHOU C. M. HUANG C. J. WANG C. H. LIN J. Y. VLAK J. M., KOU G. H. 2000. Transcriptional analisys of the ribonucleotide reductase genes of shrimp white spot syndrome virus. *Virology.* **277**, 92-99.

160. TSAI J. M., SHIAU L. J., LEE H. H., CHAN P. W., LIN C. Y. 2002. Simultaneous detection of white spot syndrome virus (WSSV) and Taura syndrome virus (TSV) by multiplex reverse transcription-polymerase chain reaction (RT-PCR) in pacific white shrimp *Penaeus vannamei. Diseases of Aquatic Organisms.* **50**, 9–12.

161. TSAI J. M., WANG H. C., LEU J. H., HSIAO H. H., WANG A. H. J., KOU G. H., LO C. F. 2004. Genomic and proteomic analysis of thirty-nine structural proteins of shrimp white spot syndrome virus. *Journal of Virology.* **78**, 11360–11370.

162. TSAI J. M., WANG H. C., LEU J. H., WANG A. H. J., ZHUANG Y., WALKER P. J., KOU G. H., LO C. F. 2006. Identification of the nucleocapsid, tegument, and envelope proteins of the shrimp white spot syndrome virus virion. *Journal of Virology.* **80**, 3021–3029.

163. TUNG C. W., WANG C. S. CHEN S. N. 1999. Histological and electron microscopic study on *Macrobrachium* muscle virus (MMV) infection in the

giant freshwater prawn, Macrobrachium rosenbergii (de Man), cultured in Taiwan. *Journal of Fish Diseases.* **22**, 319-323.

164. TZENG, H. F., CHANG, Z. F., PENG, S. E., WANG, C. H., LIN, J. Y., KOU, G. H., LO., C. F. 2002. Chimeric polypeptide of thymidine kinase and thymidylate kinase of shrimp white spot syndrome virus (WSSV): thymidine kinase activity of a recombinant protein expressed in baculovirus/insect cell system. *Virology.* **266**, 227-236.

165. VAGO C.1966. A virus disease in crustacea. *Nature*, **209,** 1290.

166. VALLES-JIMENEZ, R., CRUZ, P., PEREZ-ENRIQUEZ, R. 2004. Population genetic structure of Pacific white shrimp (*Litopenaeus vannamei*) from Mexico to Panama: micro satellite **DNA** variation. *Marine Biotechnology.* **6**, 475-484.

167. VAN HULTEN, M. C. W., WESTENBERG, M., GOODALL, S. D., VLAK, J. M. 2000. Identification of two major virion protein gene of white spot syndrome virus of shrimp. *Virology.* **266**, 227-236

168. VAN HULTEN, M. C., WITTEVELDT, J., PETERS, S., KLOOSTERBOER, N., TARCHINI, R., FIERS, N., SANDBRINK, H., LANKHORST, R. K., VLAK, J. M. 2001. The white spot syndrome virus DNA genome sequence. *Virology.* **286**, (1), 7-22.

169. VAN HULTEN, M. C. W., WITTEVELTD, J., SNIPPE, M., VLAK, J. M. 2001. White spot syndrome virus envelope protein VP28 is involved in the systemic infection of shrimp. *Virology.* **285**, 228-233.

170. VAN HULTEN M. C., REIJNS M., VERMEESCH A. M., ZANDBERGEN F., VLAK J. M. 2002. Identification of VP19 and VP15 of white spot syndrome virus (WSSV) and glycosylation status of the WSSV major structural proteins. *The Journal of General Virology.* **83**, 257–265

171. VASEEHARAN B., JAYAKUMAR R., RAMASAMY P. 2003. PCR-based detection of white spot syndrome virus in cultured and captured crustaceans in India. *Letters in Applied Microbiology.* **37**, 443–447.

172. VENEGAS C. A., NONAKA L., MUSHIKAE K., NISHIZAWA T. MUROGA K. 2000. Quasi-inmune response of *Penaeus japonicus* to penaeid rod-shaped DNA virus PRDV. *Diseases of Aquatic Organisms.* **42**, 83-89.

173. VIJAYAN K. K., STANLIN RAJ V., ALAVAND S. V., THILLAI SEKHAR V. SANTIAGO T. C. 2005. Incidence of white muscle disease, a viral like disease associated with mortalities in hatchery-reared postlarvae of the giant freshwater prawn *Macrobrachium rosenbergii* (De Man) from the southeast coast of India. *Aquaculture Research.* **36**, 311-316.

174. WANG C.H., LO C.F., LEU J.H., CHOU C.M., YEH P.Y., TUNG M.C., CHANG C.F., SU M.S., KOU G.H. 1995. Purification and genomic analysis of baculovirus associated with white spot syndrome (WSBV) of *Penaeus monodon*, *Diseases of Aquatic. Organisms.* **23**, 239–242.

175. WANG C.S., TANG, K.F.J., KOU, G.H., CHEN, S.N. 1997. Light and electron microscopic evidence of white spot disease in the giant tiger shrimp, *Penaeus monodon* (Fabricus), and the kuruma shrimp, *Penaeus japonicus* (Bate), cultured in Taiwan. *Journal of Fish Diseases* .**20**, 323–331

176. WANG C. S., TSAI Y. J., CHEN S. N. 1998. Detection of white spot disease virus (WSDV) infection in shrimp using *in situ* hybridization. *Journal of Invertebrate Pathology.* **72**, 170-173.

177. WANG Z. M., HU L. B., YI G. H., XU H., QI Y. P., YAO L. A. 2004. ORF390 of white spot syndrome virus genome is identified as a novel anti-apoptosis gene. *Biochemical and Biophysical Research Communications .* **325**, 899–907.

178. WANG Z. L., CHUA H. K., GUSTI A. A., HE. F., FENNER B., MANOPO I., WANG H., KWANG J. 2005. RING-H2 protein WSSV249 from white spot syndrome virus sequesters a shrimp ubiquitin-conjugating enzyme, PvUbc, for viral pathogenesis. *Journal of Virology.* **79**, 8764–8772.

179. WANG C. S., CHANG J. S., SHIH H. H., CHEN S. N. 2007. RT-PCR Amplification and Sequence Analysis of extra small virus associated with White Tail Disease of *Macrobrachium rosenbergii* (de Man) cultured in Taiwan. *Journal of Fish Diseases.* **30**, 127-132.

180. WILDER M., YANG W., THI THAN HUONG D., MAEDA M. 2006. Reproductive Mechanisms in the Giant Freshwater Prawn, *Macrobrachium rosenbergii* and cooperative research to improve seed production technology in the Mekong Delta Region of Vietnam. UJNR *Technical report.* **28**, 149-156.

181. WINTON J. R., LANNAN C. N., FRYER J. L., HEDRICK R. P., MEYERS T. R., PLUMB J. A., YAMAMOTO T. 1987.Morphological and biochemical properties of four members of a novel group of reoviruses isolated from aquatic animals. *Journal of General Virology.* **68**, 353–364.

182. WITTEVELDT J., VLAK J.M., VAN HULTEN M.C. 2004. Protection of *Penaeus monodon* against white spot syndrome virus using a WSSV subunit vaccine. *Fish and Shellfish Immunology.* **16**, 571–579.

183. WITTEVELDT J., VERMEESCH A. M., LANGENHOF M., DE LANG A., VLAK J. M., VAN HULTEN M. C. 2005. Nucleocapsid protein VP15 is the basic DNA binding protein of white spot syndrome virus of shrimp. *Archives of Virology.* **150**, 1121–1133.

184. WONGTEERASUPAYA C., VICKERS J. E., SRIURAIRATANA S., NASH G. L., AKARAJAMORN A., BOONSAENG V., PANYLM S., TASSANAKAJON A., WITHYACHUMNARNKUL B., FLEGEL T. W. 1995. A non-occluded, systemic baculovirus that occurs in cells of ectodermal and mesodermal origin and causes high mortality in the black tiger prawn *Penaeus monodon. Diseases of Aquatic Organisms.* **21**, 69-77

185. WU W.L., WANG L., ZHANG X.B. 2005. Identification of white spot syndrome virus (WSSV) envelope proteins involved in shrimp infection, *Virology* .**332**, 578–583.

186. XIE X, et YANG F. 2005. Interaction of White spot syndrome virus VP 26 with actin. *Virology.* **336**, 93-99.

187. YAN D.C., DONG S.L., HUANG J., YU X.M., FENG M.Y., LIU X.Y. 2004. White spot syndrome virus (WSSV) detected by PCR in rotifers and rotifer resting eggs from shrimp pond sediments. *Diseases of Aquatic Organisms.* **59**, 69–73.

188. YANG F., HE J., LIN X., LI Q., PAN D., ZHANG X., XU X. 2001. Complete genome sequence of the shrimp white spot bacilliform virus. *Journal of Virology.* **75**, 11811–11820.

189. YI G., QIAN J., WANG Z., QI Y. 2003. A phage-displayed peptide can inhibit infection by white spot syndrome virus of shrimp. *The Journal of General Virology.* **84**, 2545–2553.

190. YI G. H., WANG Z. M., QI Y. P., YAO L. G., QIAN J., HU L. B. 2004. Vp28 of shrimp white spot syndrome virus is involved in the attachment and penetration into shrimp cells. *Journal of Biochemistry and Molecular Biology.* **37**, 726–734.

191. YOGANANDHAN K., MUSTHAQ S.S., NARAYANAN R.B., HAMEED A.S.S. 2004. Production of polyclonal antiserum against recombinant VP28 protein and its application for the detection of white spot syndrome virus in crustaceans. *Journal of Fish Disease.* **27**, 517–522.

192. YOGANANDHAN K., SRI WIDADA J., BONAMI J. R., SAHUL HAMEED. 2005. Simultaneous detection of *Macrobrachium rosenbergii* nodavirus and extra small virus by a single tube, one-step multiplex RT-PCR assay. *Journal of Fish Diseases.* **28,** 65-69.

193. ZHANG L. R., ZHANG J. H., CHEN D. H., XIAO L. C. 1994. Assembly of the rod-shape virus of *Penaeus orientalis Kishinoye in vivo, Journal. Chinese. Electron Microscopy Society.* **13**, 354–363.

194. ZHANG X. B., HUANG C. H., TANG X. H., ZHUANG Y., HEW C. L. 2004. Identification of structural proteins from shrimp white spot syndrome virus (WSSV) by 2DE-MS. *Proteins-Structure Function and Bioinformatics.* **55**, 229–235.

195. ZHANG H., WANG J., YUANG J., LI L., ZHANG J., BONAMI J. R., SHI Z. 2006. Quantitative relationship of two viruses (*Mr*NV and XSV) in white tail disease of *Macrobrachium rosenbergii*. *Diseases of Aquatic Organisms*. **71**, 11-17.

www.ingramcontent.com/pod-product-compliance
Lightning Source LLC
Chambersburg PA
CBHW021112210326
41598CB00017B/1420